Bo Söderström

Hunde
erforscht
– für die Praxis erklärt

KYNOS VERLAG

Titel der schwedischen Originalausgabe: Hur tänker din hund?
© Bonnier Fakta, Stockholm, 2017
© für die deutsche Ausgabe 2019 KYNOS VERLAG Dr. Dieter Fleig GmbH
Konrad-Zuse-Straße 3 • D-54552 Nerdlen/Daun
Telefon: 06592 957389-0
Telefax: 06592 957389-20
www.kynos-verlag.de

Übersetzt aus dem Schwedischen von Claudia Heisse

Produktion in Lettland

ISBN 978-3-95464-173-4

Bildnachweis: Alle Fotos Shutterstock außer: Titelfoto Tierfotografie Winter,
S. 4-5 Stefan Tell
Illustrationen: Anders Rådén

Inhaltsverzeichnis

Vorwort

Das Buch, das Sie gerade in Ihren Händen halten, fasst die aktuelle Forschungslage über Hundeverhalten populärwissenschaftlich zusammen. Es werden mehr wissenschaftliche Artikel über Hundeverhalten veröffentlicht als je zuvor – pro Jahr erscheint täglich etwa ein neuer. Aber nur allzu selten gelangen diese spannenden Studien an die Öffentlichkeit. „Hunde erforscht" gewährt Ihnen Einblick in brandneue wissenschaftliche Erkenntnisse zur Hundeaufzucht und zum sozialen Miteinander zwischen Hund und Mensch. Meine Hoffnung ist, dass Sie nach der Lektüre dieses Buches Ihren Hund ein wenig besser verstehen. Jedes Kapitel endet mit einem Infokasten „Die Wissenschaft erklärt", in dem die wichtigsten Forschungsergebnisse auf den Punkt gebracht werden.

Mich hat die Arbeit an diesem Buch sehr inspiriert und ich habe dabei viel gelernt. Ich hoffe, dass dieser Funke beim Lesen überspringt. Meine Ambition war es, engagiert zu schreiben ohne allzu persönlich zu werden. Ich wünsche Ihnen eine spannende Lektüre über den besten Freund des Menschen!

Bo Söderström

Einleitung

Mehr als jemals zuvor beschäftigen wir uns mit unseren Hunden. Es gibt Hundetagesstätten, unsere Hunde essen mit uns und schlafen in unseren Betten. Und es ist genauso selbstverständlich, dass wir mit unseren Hunden zum Tierarzt gehen wie mit unseren Kindern zum Kinderarzt. Wir tun ganz einfach unser Bestes, damit es unseren Hunden physisch so gut wie möglich geht. Gleichzeitig versuchen wir auch zu verstehen, was in ihren Köpfen vorgeht: Wie denkt mein Hund eigentlich und wie kann ich ihn besser verstehen?

Fraglos hat sich unsere Sicht auf Hunde in den letzten Jahrzehnten verändert. Wie bei Kindern bauen moderne Ausbildungsmodelle größtenteils auf die sogenannte positive Verstärkung von gewünschtem Verhalten. Die Aufgabe eines Hundetrainers hat sich professionalisiert und viele Trainingsformen haben heutzutage einen wissenschaftlichen Unterbau. Im Vergleich zu den 1970er Jahren, in denen das Gebrauchshundewesen mit Fährten, Apportieren und Schutzhundausbildung überwiegend männlich dominiert war, haben inzwischen im Hundesport Frauen die Nase vorn, die Obedience, Agility und Dogdance im Programm haben. Der Löwenanteil der Trainingsmethoden fußt heutzutage auf Freude und Zusammenspiel statt auf Hierarchie und Dominanz. Schätzungen zufolge (Studie des Industrieverbands Heimtierverband (IVH) und des Zentralverbands Zoologischer Fachbetriebe (ZZF) aus dem Jahr 2016) leben in Deutschland rund 8,6 Millionen Hunde in 17% der Haushalte.

Viele Rentner und Menschen im späten mittleren Alter schaffen sich Hunde an, wenn die Kinder aus dem Haus sind. Aber auch junge Menschen, die in Ballungsräumen leben und noch keine Familie gegründet haben, entscheiden sich mit steigender Tendenz für einen Hund.

Laut dem Melderegister des Tierschutzvereins Tasso e.V. sind Mischlinge in Deutschland am häufigsten vertreten. Danach folgen Deutsche Schäferhunde, Labrador Retriever, Golden Retriever Teckel und Pudel als beliebteste Rassen. In der Grafik auf der folgenden Seite sind die 20 beliebtesten Hunderassen Deutschlands mit Stand Dezember 2018 (nach der Welpenstatistik des VDH, Verband für das Deutsche Hundewesen) aufgelistet.

In der Grafik auf Seite 10 ist zu erkennen, dass in Osteuropa in wesentlich mehr Haushalten Hunde leben als in Westeuropa. Einzig Russland macht eine Ausnahme, dort allerdings ist die Katze als Haustier umso häufiger vertreten.

Von den weltweit insgesamt 900 Millionen Hunden leben gut 700 Millionen als Dorf- oder Straßenhunde. Auch wenn viele dieser Hunde locker an einen oder mehrere Haushalte gebunden sind, laufen sie frei in Dörfern und Städten umher, wo sie meist von Abfällen und Futtergaben leben. Dies ist komplett anders als in Schweden, wo der Hund als Familienmitglied betrachtet wird!

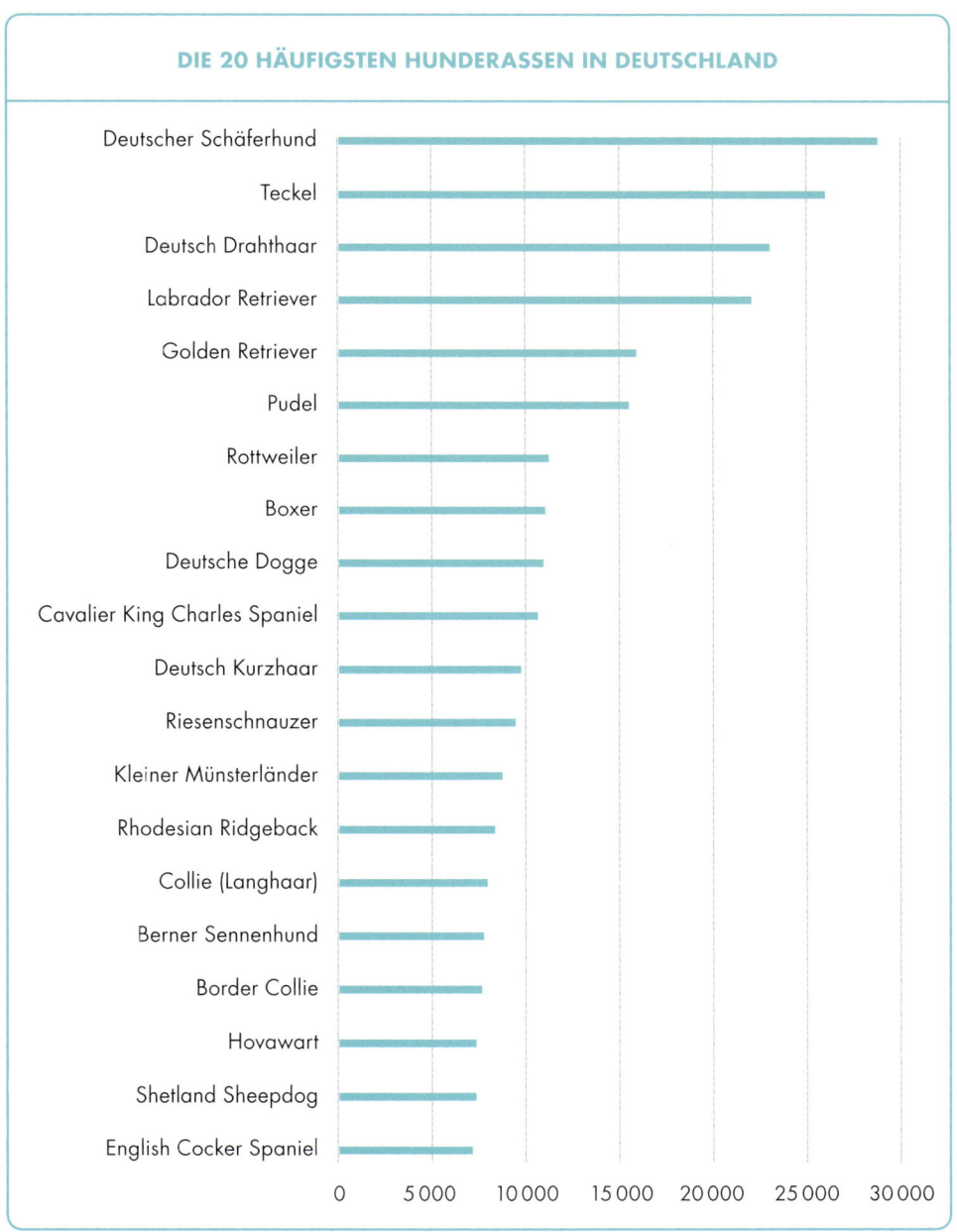

DIE 20 HÄUFIGSTEN HUNDERASSEN IN DEUTSCHLAND

Die 20 häufigsten Hunderassen in Deutschland, Stand 2018 Quelle: www.vdh.de
- Anm. d. Übers.: Die ursprüngliche Tabelle der häufigsten Hunderassen in Schweden basierend auf den Daten des Schwedischen Zentralamts für Landwirtschaft wurde für die deutsche Ausgabe durch Daten aus Deutschland ersetzt.

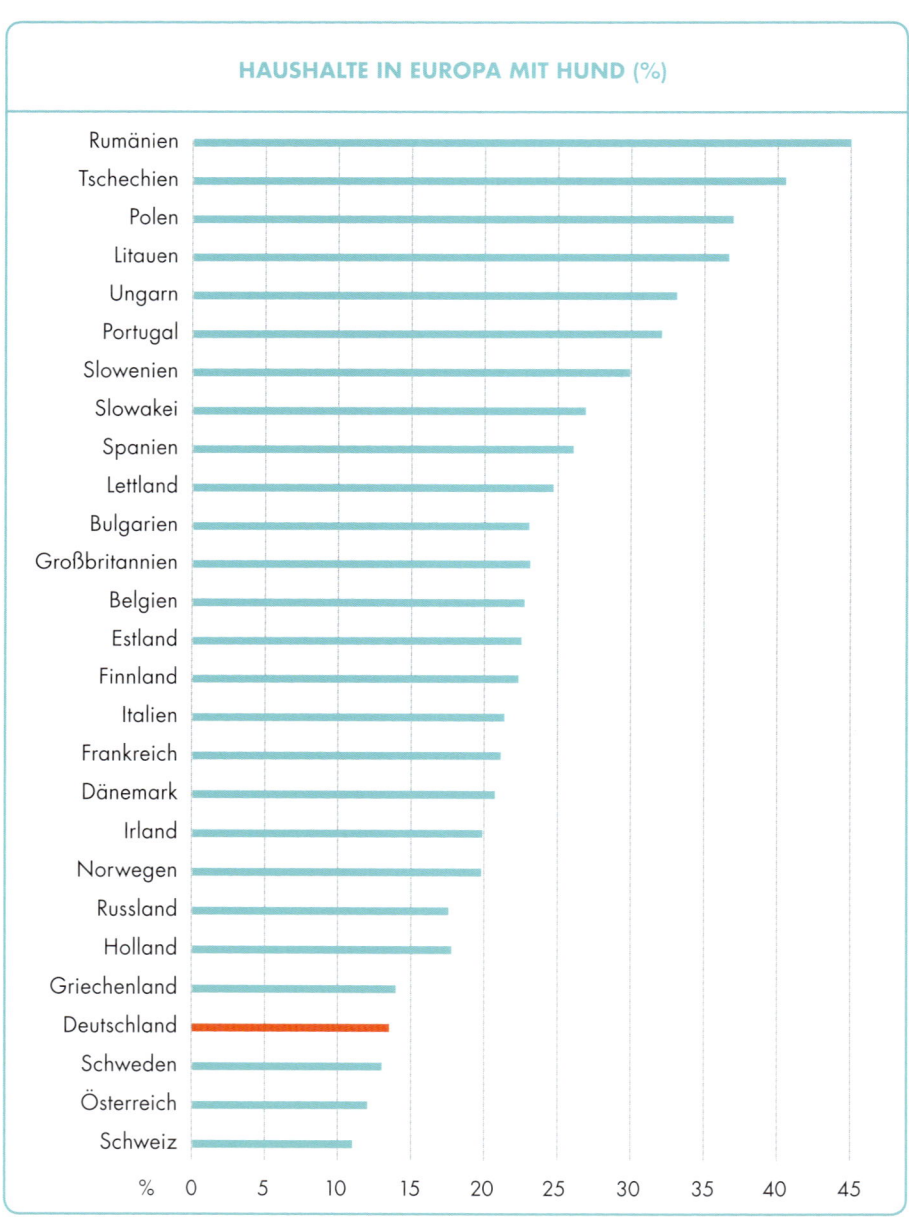

Die Grafik zeigt den prozentualen Anteil der Haushalte mit Hund in europäischen Ländern. Insgesamt gibt es rund 75 Millionen Hunde in Europa. Quelle: The Europan Pet Food Industry 2012.

In diesem Buch finden Sie die aktuellsten Forschungsergebnisse zum besten Freund des Menschen. Weite Teile des Buches konzentrieren sich auf das Zusammenspiel zwischen Ihrem Hund und Ihnen. Die Wissenschaft ist in den letzten Jahren dazu übergegangen, die Interaktion zwischen Hund und Halter näher zu beleuchten. Hund und Halter bilden oft eine so enge und intensive Einheit, dass das Verhalten des Hundes ohne Gegenwart des Halters nicht zu deuten ist. Indem Sie Fragen zu Ihrem Hund stellen, lernen Sie vielleicht sogar etwas über sich selbst. Meine Hoffnung ist, Sie zu faszinieren von der Geschichte des Hundes und seinem Anpassungsvermögen an ein Leben mit dem Menschen. Ich greife auf, wann und wie der Mensch den Wolf domestiziert hat und erkläre, in welchem Ausmaß sich die Verhaltensweisen zwischen Wolf und Hund unterscheiden. Ich thematisiere auch Probleme, die Ihnen als Hundehalter begegnen können und erkläre, wie Sie mit diesen umgehen können, um weder das Wohlergehen Ihres Hundes noch Ihren Seelenfrieden zu gefährden.

Sie werden unter anderem von aggressiven, ängstlichen und nervösen Hunde lesen und wie Sie ihnen am besten helfen können. All dieses Wissen beruht auf neuesten Erkenntnissen – die meisten der Artikel sind seit Januar 2015 bis heute publiziert worden.

Warum baut das Buch auf Wissenschaft?

Unsere Sprache ist in jüngster Zeit von zwei Neuworten berei-chert worden: Faktenresistenz und Filterblase. Faktenresistenz beschreibt ein Verhalten, das sich nicht von Fakten beeinflussen lasst, die der eigenen Meinung entgegenstehen. Eine Filterblase wird hingegen von den Internetgiganten geschaffen wie zum Beispiel Facebook. Dort werden Nachrichtenflüsse auf Maß ge-schneidert, sodass konträre Meinungen nicht mehr erscheinen. Gemeinsam schaffen Faktenresitenz und Filterblasen eine Welt, in der Emotionen die Macht über die Vernunft übernehmen. Weiter kann man sich von wissenschaftlichen Verhältnissen nicht entfernen. Aber warum sollten wir überhaupt der Wissenschaft vertrauen?

Meiner Meinung nach ist der große Vorteil einer wissen-schaftlichen Vorgehensweise, dass die Forscher neutral und ganz offen darlegen, wie sie zu ihren Folgerungen kommen. Wissen-schaftliche Artikel haben eine besondere Struktur, genannt EMED - Einleitung, Material und Methoden, Ergebnisse und Diskussion. Das klingt vielleicht seelenlos, für Wissenschaftler ist diese Struktur jedoch wichtig, um schnell Informationen suchen und die Qualität der wissenschaftlichen Arbeit einschätzen zu können. In der Einleitung geben die Verfasser an, was bereits früher zu diesem Thema geschrieben worden ist und wie ihre Studie auf dem bereits bestehenden Wissen aufbaut. Anders ausgedrückt: Weiter weg kann man nicht von einer Filterblase entfernt sein. In den Methoden beschreiben die Wissenschaftler, wie sie vorgegangen sind, um die Fragestellung zu erörtern, die am Ende der Einleitung aufgeworfen wurde. Die Methoden werden so genau angegeben, dass andere Wissenschaftler die Studie wiederholen und zu ungefähr dem gleichen Ergebnis kommen können. Ich schreibe „ungefähr", weil die Wissenschaftsdisziplinen in diesem Buch nie ganz exakt sind: In der Ethologie zum Beispiel ergründen die Wissenschaftler das Verhalten der Tiere und in der Ökologie studieren sie Interaktionen zwischen lebenden Organismen und ihrer Lebensumwelt. Tiere sind Individuen und reagieren und verhalten sich bei gleichen Reizen nun mal nicht immer gleich. Alles andere wäre auch merkwürdig. Um die individuellen Abweichungen zu berücksichtigen, beobachten die Wissenschaftler daher eine große Anzahl unterschiedlicher Tiere unter so kontrollierten Bedingungen wie möglich. In der Praxis bedeutet das, dass die Wissenschaftler bereits von Beginn an so viele Fehlerquellen wie möglich auszuschließen versuchen: das heißt Faktoren, die die Tiere beeinflussen können, jedoch für die Studie uninteressant sind. Die meisten in diesem Buch beschriebenen Studien beruhen auf kontrollierten Experimenten. Hierfür werden Hunde unter Verwendung eines Zufallsmechanismus in eine Versuchs- und eine Kontrollgruppe eingeteilt. Alle Einflüsse werden so gleich wie irgend möglich gehalten bis auf den Faktor, um den es geht. Anschließend beschreiben oder messen die Wissenschaftler das Verhalten in beiden Gruppen systematisch. Die Ergebnisse beider Gruppen werden anschließend von den Forschern mittels Statistiken verglichen. Daher muss in jeder Gruppe eine größere Anzahl Hunde sein, denn ansonsten könnten einzelne Hunde mit abweichendem Verhalten das Bild der Gesamtgruppe verzerren. Die Forscher beenden den Artikel mit einer Diskussion, in der ihr eigenes Ergebnis in einem größeren Zusammenhang gesetzt wird. Wissenschaftler sind nicht faktenresistent, sondern berichten offen, ob andere zu anderen Folgerungen gekommen sind als sie selbst. Sie legen auch die Stärken und Schwächen ihrer Studie dar und wie man weitere Untersuchungen besser gestalten kann.

Vor Abdruck in einer wissenschaftlichen Fachzeitschrift wird noch einmal geprüft, ob die Wissenschaftler nicht doch faktenresistent sind oder in einer Filterblase leben. Alle Artikel durchlaufen eine wissenschaftliche Überprüfung, die durch Redakteure der Fachzeitschrift sowie andere Wissenschaftler der gleichen Disziplin durchgeführt wird. Jedes Detail wird in Augenschein genommen. Manchmal sind weitere Versuche und Analysen notwendig und in der Regel werden die Texte zwei bis drei Mal umgeschrieben, bis Prüfer und Redakteure zufrieden sind und der Artikel veröffentlicht wird. Aber einzelne wissenschaftliche Artikel sind auch nicht der Weisheit letzter Schluss. Die Arbeit geht immer weiter. Erst wenn ausreichend viele Artikel zum gleichen Ergebnis kommen, kann von einem unumstößlichen wissenschaftlichen Nachweis (Evidenz) für eine These gesprochen werden.

Was ist denn nun der wissenschaftliche Unterbau für das Buch in Ihren Händen? Hundeverhalten zu erforschen ist en vogue. Ich habe in der weltweit größten Artikeldatenbank für wissenschaftliche Literatur, *Web of Knowledge*, eine Suche mit den Schlagwörtern *dog* und *behaviour* bzw. *behavior* (britische oder amerikanische Schreibweise von Verhalten) gestartet. Während der 1980er Jahre wurden knapp 150 Artikel veröffentlicht, in den 1990er Jahren waren es gut 300 Artikel, von 2000 bis 2009 gut 1000 Artikel und zwischen 2010 und 2016 nahezu 1500 Artikel. Man kann also sagen, dass sich die Menge der Fachartikel über Hunde alle zehn Jahre mehr als verdoppelt hat! Der schwedische Ethologe Per Jensen hat mehrere Bücher geschrieben, in denen er die aktuelle Forschung über Hundeverhalten zusammenfasst. In seinem 2014 erschienemem Buch „Hunden som skäms", schreibt Jensen: „Während ich letzte Hand anlege an meinem

Text, entdecke ich doch noch neue, interessante Forschungsberichte, veröffentlicht in den letzten Tagen, die ich mit ins Buch hätte aufnehmen sollen." Genauso ist es! Die Forschung zum Verhalten der Haustiere ist während der 2010er Jahre förmlich explodiert. Jeden Tag gibt es neue Erkenntnisse, in denen Fragestellungen vorheriger Studien weiterentwickelt werden. Um das Risiko der Überlappung mit früheren Büchern zu minimieren, habe ich mich entschieden, in diesem Buch die interessantesten Artikel zusammenzufassen, die zwischen dem 01. Januar 2015 und dem 01. Mai 2016 erschienen sind. Auf dem ersten Blick mag diese Auswahl mager erscheinen – aber nein! Aus der Datenbank lud ich die Zusammenfassungen von 330 Artikeln herunter, die während der knapp anderthalb Jahre erschienen sind. Die Zusammenfassungen waren sehr aufschlussreich und anhand dieser Informationen fischte ich die interessantesten Artikel heraus. Für mich war es wichtig, Artikel zu wählen, die meine Neugierde weckten. Dieses Buch soll gar nicht alle Verhaltensweisen des Hundes darlegen, sondern interessante wissenschaftliche Artikel vorstellen.

Sie als Leser brauchen jedoch nicht zu befürchten, dass Sie aufgrund meiner Auswahl spannende Ergebnisse versäumen. Selbstverständlich habe ich auch besonders interessante Artikel mit aufgenommen, die schon vor 2015 erschienen sind. Hinweise auf solche Artikel fand ich in den Einleitungen bzw. Diskussionen der von mir ausgewerteten Abhandlung. Insgesamt fasse ich gut 150 Artikel in diesem Buch populärwissenschaftlich zusammen. Die Artikel lassen sich in sieben Kapitel einteilen: „Der Hund als soziales Wesen", „Interaktion zwischen Hund und Mensch", „Guter Kontakt mit Ihrem Hund", „Problemlösung", „Hundegesundheit", „Die Sinne", und „Der ursprüngliche Hund". Jedes Kapitel ist in drei bis vier Abschnitte gegliedert. Insgesamt umfasst das Buch 24 Abschnitte, die auf Ergebnissen und Folgerungen aus verschiedenen Forschungsartikeln basieren. Alle dem Buch zugrunde liegenden Fachartikel finden Sie auf den Seiten 240–245 aufgelistet.

Natürlich sind in den Artikeln selbst wesentlich mehr Informationen und Ergebnisse, als ich hier in den entsprechenden Kapiteln aufgreifen kann. Ehrlich gesagt ist auch nicht alles gleich relevant für Sie als Leser dieses Buches. Sollte aber ein Artikel Sie besonders interessieren, finden Sie hinten im Buch das Literaturverzeichnis. Dort gebe ich für die einzelnen Kapitel an, wer was geschrieben hat. Forschung ist Teamarbeit und die Autorenliste wird von Jahr zu Jahr länger. Hin und wieder kann es verwirrend sein, wenn nur der erste Autor genannt wird, da unter Umständen der letzte Mitverfasser den wesentlichen Part mit den Hunden ausgeführt hat. Leider kann ich das nicht berücksichtigen, ich führe immer nur den ersten Autoren an. Die Angabe „et al." hinter dem oder den Namen bedeutet dabei „und andere", also das Team rund um den Erstgenannten.

Wie gehen Sie also vor, wenn Sie einen bestimmten Artikel suchen? Gehen Sie auf die Website http://dx.doi.org/ und fügen genau die Angaben, die hinter „doi" im Literaturverzeichnis stehen, in das Suchfeld ein. So kommen Sie automatisch zum richtigen Artikel. Oft kann man diese Artikel auch schon gratis als PDF-Dateien herunterladen oder direkt am Bildschirm lesen.

Der Hund als soziales Wesen

Der Hund ist ein soziales Wesen, das sich in Gesellschaft mit anderen am wohlsten fühlt. Aber trotz vieler Vorteile des Lebens in einer Gruppe – man hat zum Beispiel immer einen Spielkameraden – kann es auch Nachteile geben. Wie lösen Hunde Konflikte in der Gruppe? Und wie soll man ritualisierte Signale deuten, mit denen Hunde sich gegenseitig ihren Status anzeigen? Darüber hinaus erfahren Sie in diesem einleitenden Kapitel, wie wichtig es ist, dass Sie als Hundehalter Ihren Welpen sozialisieren und auch wie Sie den Charakter Ihres Welpen testen lassen können.

Die soziale Entwicklung des Welpen

Die Fähigkeit der Hunde, mit uns Menschen zu kommunizieren, ist einzigartig. Während der mindestens 13.000 Jahre unseres gemeinsamen Weges hat der Mensch durch Auslese gewünschten Verhaltens allmählich die soziale Kompetenz des Hundes gesteigert. Aber die Forschung zeigt, dass genetische Faktoren nicht ausreichen, um zu klären, ob ein Hund freundlich, treu und gehorsam als Erwachsener wird. Wir müssen uns auch aktiv mit dem Welpen beschäftigen und ihn in einer sicheren Umgebung aufziehen, damit er als Erwachsener zuverlässig und ausgeglichen wird. Sprich: Er muss sozialisiert werden.

In der Forschung über Hundeverhalten wird besonders betont, den Welpen in jungem Alter zu sozialisieren, sonst besteht die Gefahr, dass der erwachsene Hund Verhaltensstörungen entwickelt. Besonders ausschlaggebend sind drei Phasen für die soziale Entwicklung des Welpen. Die erste Phase beginnt ab der Geburt bis zum Alter von rund drei Wochen. In dieser Phase spielt die Mutter die wesentliche Rolle. Seh- und Hörsinn entwickeln sich nach und nach in dieser Zeit. Zunächst aber ist der Welpe abhängig vom Tastsinn, um die Umwelt zu entdecken und zu erleben. Jedoch beschäftigen sich nicht alle Hundemütter gleich intensiv mit ihren Welpen, was später im Leben Auswirkungen auf das Temperament des Hundes haben kann. Dies zeigten die schwedischen Wissenschaftler Pernilla Foyer, Erik Wilsson und Per Jensen in einem

2016 veröffentlichten Versuch. Die Forscher wollten herausfinden, warum nur einer von drei Schäferhunden aus der Zucht eines schwedischen Militärhundezentrums das Temperament hatte, das den aufgestellten Kriterien für Diensthunde entsprach. Könnte dies damit zusammenhängen, dass bestimmte Schäferhundmütter in der ersten Zeit weniger Körperkontakt mit ihren Welpen pflegen? Um diese Frage zu beantworten, beobachteten die Wissenschaftler 22 frisch gebackene Schäferhundmütter und ihre Welpen während der ersten Wochen nach der Geburt. Mit Hilfe einer Überwachungskamera zeichneten die Wissenschaftler auf, wie oft die Mütter ihre Kleinen säugten, schleckten, beschnüffelten, umplatzierten oder im Kontaktliegen mit ihnen ruhten. Zu vier Zeitpunkten - ein, sieben, vierzehn und einundzwanzig Tage nach der Geburt – zeichneten sie das Verhalten der Mütter alle zwei Stunden im Verlauf von 24 Stunden auf. Die Überwachungskamera offenbarte, dass es prinzipielle Unterschiede in der Interaktion der Mütter mit den Welpen gab. Die Wissenschaftler teilten die Mütter daher in zwei Gruppen ein: Diejenigen, die ihre Welpen oft berührten und diejenigen, die dies eher selten machten. Anschließend verglichen die Forscher die Entwicklung der Temperamente der Welpen nach fünfzehn bis zwanzig Monaten. Sie fanden dabei einen signifikanten Zusammenhang: Die inzwischen erwachsenen

Durch den vorsichtigen Kontakt mit den Welpen in den ersten zehn Tagen nach der Geburt erhält man in der Regel sichere und gesündere erwachsene Hunde.

Schäferhunde von hingebungsvollen Müttern während ihrer Welpenzeit waren im Kontakt mit Menschen sozialer, neugieriger und untersuchten weitaus eifriger neue Objekte. Scheinbar ist also das mütterliche Interesse für die Welpen von Bedeutung für ihre weitere Entwicklung. Für die Zukunft bedeutet dieses Forschungsergebnis, dass das schwedische Militär gut daran tut, bei der Zuchtarbeit das Engagement der Hundemütter zu berücksichtigen!

Auch der Züchter kann zur Sozialisierung der Welpen beitragen, indem er sich mit ihnen bereits während der ersten zehn Tage nach der Geburt behutsam beschäftigt. Mehrere Studien bestätigen, dass dies zu sichereren, weniger stressanfälligen und tatsächlich auch gesünderen Hunden im Erwachsenenalter beitragen kann. In einem Artikel der Fachzeitschrift *Veterinary Medicine* unterstreichen Tiffani Howell et al., dass dies besonders in gewerbsmäßigen Zuchtstätten wichtig ist, in denen die Welpen nicht die gleiche Aufmerksamkeit erfahren wie bei privaten Züchtern. Da der Tastsinn während der ersten drei Wochen der mit Abstand wichtigste Sinn ist, spielen die Wurfgeschwister auch eine wichtige Rolle für frühe Berührungserlebnisse. Fehlen Wurfgeschwister, sollte man einem Welpen besonders viel Liebe zuteil werden lassen, um seine soziale Entwicklung zu fördern.

Wurfgeschwister sind auch in der zweiten Schlüsselphase der sozialen Entwicklung wichtig. Diese zweite Schlüsselphase wird mit rund drei Wochen eingeleitet, wenn die Welpen nicht mehr ständig die Fürsorge der Mutter benötigen, sondern anfangen zu spielen und miteinander zu rangeln. Im Alter von ungefähr fünf Wochen beginnen die Welpen, ihre nähere Umgebung aufmerksamer wahrzunehmen und können bei plötzlichen Lauten, fremden Umgebungen und Menschen sehr ängstlich reagieren. Wann genau diese Phase beginnt, ist von der Hunderasse abhängig, was Mary Morrow et al. in einem 2015 im *Journal of Veterinary*

Behavior erschienenen Artikel zeigten. Allmählich, während wir den Welpen beibringen, was gefährlich und was harmlos ist, flaut die Angst wieder ab. Während dieser Phase ist es wichtig, den Welpen den Kontakt mit vielen verschiedenen Menschen zu ermöglichen. Die Studien zeigen nämlich, dass diejenigen, die vor der 14. Lebenswoche keinem Menschenkontakten „ausgesetzt" wurden, später im Leben ein problematisches Verhältnis zu Menschen entwickeln können.

Die Sozialisierung mit unterschiedlichen Menschen und Umgebungen ist besonders wichtig, während die Welpen drei bis zwölf Wochen alt sind. Für eine langfristige gute Beziehung sollte man die Welpen jedoch auch während der dritten Phase weiter sozialisieren, die mit zwölf Wochen beginnt und bis zur Geschlechtsreife dauert. Jetzt sollten die Welpen die Möglichkeit bekommen, vorsichtig allen Freuden und Gefahren zu begegnen, auf die sie als Erwachsene treffen können: Andere Hunde, weitere Haustiere wie Katzen und Pferde, Wildtiere, fremde Kinder und Erwachsene und so weiter. Durch die Sozialisierung des Welpen erhalten Sie einen sicheren Hund, der nicht unmotiviert ängstlich oder aggressiv in neuen, unbekannten Situationen reagiert.

Einen Welpen nicht zu sozialisieren, kann offensichtliche negative Folgen haben. Die entscheidende Frage jedoch lautet: Wie viel Sozialisierung reicht aus? Besteht das Risiko, dass wir es zu gut meinen?

Setzen wir den Hund so vielen Kursen und so vielen Reizen aus, dass wir Gefahr laufen, ihn durcheinanderzubringen statt Sicherheit zu schaffen? Es gibt ein großes Angebot von Kursen für Welpen und frisch gebackene Hundehalter. Mehrere Forscherteams haben untersucht, ob und wie diese das Verhalten des erwachsenen Hundes beeinflussen. Ein Übersichtsartikel von Tiffani Howell et al. zeigt auf, dass Welpenkurse wissenschaftlich betrachtet keinen Nutzen bringen. Wächst ein Welpe in einem durchschnittlichen Zuhause auf, erfährt er täglich genügend unterschiedliche Reize und Erfahrungen, die ihn auf sein Erwachsenenleben vorbereiten. Das ist anscheinend ausreichend für die Sozialisierung eines Welpen. Leider gibt es wenige kontrollierte Experimente und man kann kaum sagen, ob das Verhalten eines erwachsenen Hundes Resultat eines Welpenkurses oder die Summe anderer Erfahrungen im Verlauf seines Lebens ist. Daher sollte man die Ergebnisse dieser Studien mit gesunder Skepsis betrachten. Tatsächlich profitieren jedoch die Hundehalter von Welpenkursen, insbesondere, wenn sie Ersthundehalter sind. Kurse ermöglichen es, Gleichgesinnte zu treffen und Erfahrungen auszutauschen sowie gleichzeitig etwas über das Hundeverhalten zu lernen und wie man als Halter in bestimmten Situationen reagieren sollte.

DIE WISSENSCHAFT ERKLÄRT: DIE SOZIALE ENTWICKLUNG DES WELPEN

- Um ein ausgeglichenes, freundliches Wesen entwickeln zu können, muss ein Welpe sozialisiert werden.

- Es gibt drei Schlüsselphasen in der sozialen Entwicklung eines Welpen. Die erste umfasst die ersten drei Lebenswochen, in denen der Tastsinn der wichtigste Sinn ist. Es folgt die Spanne von 4–12 Wochen, in der der Welpe die Umgebung zu erkunden beginnt. In der dritten Phase ab 12 Wochen bis zur Geschlechtsreife lernt er alles Positve und Negative kennen, was auf ihn als Erwachsenen daheim und unterwegs zukommt.

- Der Züchter und später der Hundehalter haben die wichtige Aufgabe, den Welpen zu sozialisieren, indem sie sich mit ihm beschäftigen und ihn schrittweise an neue Reize heranführen.

- Welpenkurse haben keinen dokumentierten Effekt auf das Verhalten des Hundes. Hingegen kann ein solcher Kurs den Hundehaltern in puncto Erfahrungsaustausch gute Dienste leisten.

- Studien zeigen, dass Welpen, die vor der 14. Lebenswoche keinen Kontakt zu Menschen bekommen, Gefahr laufen, später im Leben ein problematisches Verhältnis zu Menschen zu entwickeln.

Welpentests

Die Persönlichkeit seines Welpen testen zu lassen, steht hoch im Kurs. Bei Welpen, die zu Dienst- oder Assistenzhunden ausgebildet werden, können solche Teste beizeiten „die Spreu vom Weizen" trennen und entscheiden, welche Welpen sich für die anstehende Ausbildung und Arbeit eignen. Nach einem solchen Persönlichkeitstest können Sie hoffentlich das Temperament Ihres Welpen besser verstehen und es wird leichter, zu trainieren, Ängste oder andere unerwünschte Verhaltensweisen zu überwinden und gleichzeitig die positiven Eigenschaften des Welpen zu fördern. Und ein Welpentest kann auch Spaß machen – nun haben Sie es schwarz auf weiß, dass Ihr Welpe wirklich so liebenswert und sozial ist, wie Sie schon immer gesagt haben!

Es gibt zahllose Arten, die Persönlichkeit eines Welpen testen zu lassen und es ist schwer, sich im Dschungel der Welpentests, die sowohl in wissenschaftlichen Veröffentlichungen als auch in Hunderatgebern zu finden sind, zurechtzufinden. 2015 erschienen jedoch zwei Artikel, die Ihnen ein Stück weit helfen können. Der erste ist ein Übersichtsartikel von Monica McGarrity et al. aus den USA, in dem die Forscher Experten beurteilen lassen, welche Welpentests die besten sind. Es handelt sich um eine Verbraucherinformation à la „Stiftung Warentest", allerdings bewerten hier hundeerfahrene Verhaltensforscher. Die erste Herausforderung für Monica McGarrity et al. war, einige wenige Eigenschaften auszuwählen, die dennoch ein umfassendes Bild der Welpenpersönlichkeit zeichneten. Einige Wissenschaftler behaupten, es reichten drei Eigenschaften, während andere wiederum meinen, elf seien erforderlich.

Ausgehend von früher erschienenen Übersichtsartikeln und Modellen kamen Monica McGarrity et al. zu dem Schluss, dass neun Eigenschaften bewertet werden sollten, um die Persönlichkeit umfänglich zu beschreiben: „sozial", „ängstlich/nervös", „aktiv", „erkundend", "mutig/selbstsicher", „reaktiv", „aggressiv", „unterwürfig" und „lernwillig". Die gängigsten Eigenschaftswörter für diese Kategorien finden Sie in der Tabelle auf der folgenden Seite. Anschließend suchten die Wissenschaftler in mehreren großen Datenbanken nach Artikeln, die Ergebnisse der unterschiedlichen Persönlichkeitsteste bei Welpen beschreiben. Sie fanden insgesamt 49 verschiedene Publikationen mit 181 unterschiedlichen Tests. Einige dieser Tests wurden als ungeeignet aussortiert, da sie mehr als die neun Eigenschaften gleichzeitig erfassten, sodass noch 100 Tests übrig blieben. Sechs qualifizierte Verhaltenswissenschaftler aus unterschiedlichen Teilgebieten – alle jedoch mit großer Hundeerfahrung – mussten die einhundert Tests einzeln auf ihre Qualität hin überprüfen, um zu entscheiden, ob sie jeweils geeignet waren, die getesteten Eigenschaften zu bewerten. Sobald vier von sechs der Experten unabhängig voneinander gleich urteilten, bewerteten Monica McGarrity et al. dies als Konsens. Ich beschreibe dieses Vorgehen so detailliert, um zu zeigen, dass die Wissenschaftler ihren Verbraucherrat sehr ernst nahmen. Die Ergebnisse waren leider alarmierend: Nur sehr wenige Tests, denen die Welpen ausgesetzt wurden, erfassten die zu messenden Eigenschaften gut. Glücklicherweise kamen die Experten überein, dass wenigstens ein Test pro Eigenschaft gut funktionierte, siehe Tabelle auf der nachfolgenden Seite.

Im zweiten Artikel untersuchen Lina Roth und Per Jensen, ob man Welpentests nicht realitätsnäher gestalten kann. Die meisten Welpentests werden nämlich in besonders auf das Testziel angepassten Räumen und ohne den vertrauten Halter in der Nähe durchgeführt.

NEUN EIGENSCHAFTEN, DIE ZUSAMMEN DIE PERSÖNLICHKEIT DES WELPEN BESCHREIBEN		
EIGENSCHAFT	**DER WELPE IST ...**	**EXPERTENRAT „WELCHER TEST PASST AM BESTEN"**
Sozial	Liebenswert, aufgeschlossen, verspielt	Eine für den Welpen unbekannte Person versucht, mit ihm zu spielen.
Ängstlich und nervös	Allgemein nervös, nimmt Reißaus, schüchtern, vorsichtig, misstrauisch, sensibel	Dem Welpen wird ein neues Objekt gezeigt. Die Wissenschaftler erfassen Verhalten wie Hinhocken, Zittern, Ausweichen usw.
Aktiv	Physisch aktiv/inaktiv, energisch, hyperaktiv, rastlos	Der Welpe wird in einen Raum mit Karomuster auf dem Boden gesetzt. Die Wissenschaftler erfassen, wie weit sich der Welpe in einer bestimmten Zeiteinheit bewegt.
Erkundend	Neugierig, aufgeschlossen gegenüber neuen Dingen/ Herausforderungen (Verhalten in neuer Situation)	Der Welpe wird in einen Raum mit unbekannten Objekten wie großen Bällen, einem Staubsauger oder neuen Spielsachen gebracht. Die Wissenschaftler erfassen, wie oft sich der Welpe den Objekten nähert.
Mutig und selbstsicher	Entschlossen, ausdauernd, selbstständig, anpassungsfähig	Der Welpe geht über ein Hindernis wie z. B. eine Treppe. Die Wissenschaftler erfassen, wie schnell der Welpe geht und ob er zögert oder nicht.
Reaktiv	Ungestüm, verhaltensproblematisch	Der Welpe geht spazieren und wird unerwartet mit z. B. aufspringenden Schirmen oder einer lebendigen Schlange konfrontiert. Die Wissenschaftler erfassen, wie oft und heftig der Welpe reagiert.
Aggressiv	Wütend, bissig, feindselig	Eine Person nimmt dem fressenden Welpen den Futternapf weg. Die Wissenschaftler erfassen die Position der Rute und der Ohren, Knurren usw.
Unterwürfig	Unterwürfig, dominant	Die Wurfgeschwister werden jeweils zu zweit in ein Gehege mit einem Kauknochen gesetzt. Die Wissenschaftler erfassen, wie lange der Welpe den Knochen teilt oder ihn für sich beansprucht.
Lernwillig	Gehorsam, ablenkbar, teamfähig, verlässlich, intelligent, aufmerksam, klug	Dem Welpen wird ein Ball geworfen. Die Wissenschaftler erfassen, wie oft der Welpe dem Ball hinterher läuft und ihn dem Werfenden wiederbringt oder ob er von anderen Personen in der Nähe abgelenkt wird.

Dies ist eine Krux, denn im Endeffekt geht es doch um die Beziehung zwischen Halter und Hund. Gerade die muss im Alltag funktionieren. Um herauszufinden, ob man die Hundepersönlichkeit schnell in einer alltäglicheren Umgebung bewerten könne, besuchten Lina Roth und Per Jensen verschiedene Hundekurse. Insgesamt beobachteten sie 85 Hunde im Training - Welpenkurse, Obedience, Dogdance, Agility und Fährten – zusammen mit ihren Haltern. Die Hunde wurden aus geringer Entfernung gefilmt, während die Halter mit ihnen an der Leine hinter einem kleinen Kunststoffpylon mit schwarz-weißbemalter Haushaltsrolle auf der Spitze standen. Die Halter wurden jeweils gebeten, einen Fragebogen auszufüllen und einige Fragen zur Persönlichkeit ihres Hundes zu beantworten. Währenddessen bekam der Hund freien Spielraum (soweit die Leine es zuließ) und konnte ohne Anweisung des Halters agieren. Der Versuchsleiter kam bei drei Gelegenheiten ins Spiel: um den Fragebogen auszuteilen, um einen Stift zu reichen und schließlich, um den Fragebogen einzusammeln. Die Prozedur wurde drei Minuten lang gefilmt, und durch die Auswertung der Filme konnten Lina Roth und Per Jensen die Reaktionen der Hunde auf das neue Objekt (Pylon mit Haushaltsrolle), die fremde Person (Versuchsleiter), den Halter und die anderen nebenan wartenden Hunde bewerten. Nach der ersten Filmsequenz mussten die Hundehalter in einem weiten Kreis um mehrere Pylone herum gehen und wurden dabei 30 weitere Sekunden gefilmt. Die Wissenschaftler registrierten und klassifizierten, wie der Hund auf das Objekt (Pylon), den Fremden (Versuchsleiter), Halter und andere Hunde in dieser kurzen Zeit reagierten.

Insgesamt kam heraus, dass die Hunde 22 verschiedene Verhaltensweisen an den Tag legten wie zum Beispiel „hingucken", „beschnüffeln", „an der Leine ziehen" usw. Mittels neuester Statistiken konnten die Wissenschaftler die verschiedenen Verhaltensweisen fünf unterschiedlichen Persönlichkeitstypen zuordnen: „sozial", „erkundend", „neugierig/still", „kontaktsuchend" und „ruhelos". Danach verglichen sie die Ergebnisse mit den

Beschreibungen der Halter aus den Fragebögen. Die Ergebnisse stimmten verblüffend gut überein. Beschrieb der Halter seinen Hund als sozial, zeigte sich entsprechendes Verhalten in dieser Verhaltensstudie. Lina Roth und Per Jensen fanden auch, dass die Hunde am zweiten Tag des Kurses mehr auf den Halter und weniger auf die Umgebung fokussiert waren als am ersten Tag. Auch konnte festgehalten werden, dass junge Hunde generell sozialer und erkundungsfreudiger waren als ältere Hunde und dass Hündinnen mehr Körperkontakt zu den Haltern suchten als Rüden. Beide Ergebnisse stimmen mit früheren Verhaltensstudien überein. Diese scheinbar einfache Methode, Hundepersönlichkeiten in einer für die Hunde alltäglichen Umgebung zu beschreiben, war also offenbar effektiv. Gleichzeitig konnte man unter realen Verhältnissen dokumentieren, wie die Hunde mit ihren Haltern sowie anderen Hunden interagierten.

In wissenschaftlichen Zeitschriften erscheinen immer mehr Artikel, die unterschiedliche Arten von Persönlichkeitstests für Hunde bewerten. Lange herrschte eine große Begriffsverwirrung. Gleiche Eigenschaften hatten unterschiedliche Bedeutungen für die Wissenschaftler und viele Tests zeigten nicht, was eigentlich dargestellt werden sollte. Daher haben Monica McGarrity et al. eine Liste über einfache Tests zu allen wesentlichen Eigenschaften erstellt, die die Persönlichkeit eines Welpen ausmachen, siehe Tabelle Seite 29. Diese ist für Wissenschaft und Praxis gleichermaßen tauglich. Lina Roth und Per Jensen zeigen außerdem, dass die Tests sowohl vereinfacht als auch stärker der Realität angepasst werden können, ohne an Aussagekraft zu verlieren. Die Persönlichkeitstests werden mit größter Sicherheit zukünftig noch weiter konkretisiert werden.

DIE WISSENSCHAFT ERKLÄRT: PERSÖNLICHKEITSTESTS FÜR WELPEN

- Aus der Vielzahl der existierenden Persönlichkeitstests sind nur wenige geeignet, die gewünschten Eigenschaften zuverlässig zu erfassen.

- Eine umfassende Beschreibung der Persönlichkeit eines Welpen schließt die Eigenschaften sozial, ängstlich/nervös, aktiv, erkundend, mutig/selbstsicher, reaktiv, aggressiv, unterwürfig und lernwillig ein.

- Eine Liste einfacher Tests dieser Eigenschaften wurde von Wissenschaftlern nach der Durchsicht aller veröffentlichten Artikel über Persönlichkeitstests entwickelt, siehe Seite 29.

- Persönlichkeitstests ohne Anwesenheit der Halter sind nicht besonders wirklichkeitsnah und können zu falschen Ergebnissen führen.

- Sollten Sie Ihren Welpen einem Persönlichkeitstest unterziehen lassen wollen, suchen Sie sich eine Tierarztpraxis oder Hundeschule, die in Verhaltenstherapie ausgebildet ist oder eine ähnliche Qualifikation vorweist.

Hundespiel

Welche Lebensfreude verspielte Hunde ausstrahlen! Die Wissenschaft hat sich jedoch lange schwer getan, die Bedeutung von Hundespiel zu beschreiben und zu verstehen. Profitieren spielende Hunde von etwas, was nicht spielende Hunde verpassen? Und wie kommt es, dass auch viele erwachsene Hunde noch ausgiebig spielen?

Im Verlauf der Jahrtausende hat der Mensch bevorzugt mit Hunden gezüchtet, die juvenile Züge wie Verspieltheit aufweisen – nicht nur, weil diese Hunde uns Freude bereiten, sondern auch, weil verspielte Hunde leichter auszubilden sind als aggressive Hunde. Es ist auch denkbar, dass die Verspieltheit bei Wölfen ein wichtiger Faktor war, welche Individuen man zur Zucht auswählte. Die ersten Bauern bevorzugten vermutlich Wölfe, die nicht nur die Scheu vor dem Menschen verloren hatten, sondern sogar mit ihm zu spielen begannen. Verspielte Wölfe sind anscheinend auch lernfähiger und vielleicht konnten sie daher leichter ausgebildet werden, einfache Aufgaben für die Menschen auszuführen. Natürlich wissen wir nicht, ob es sich so zugetragen hat. Aber es ist eine ansprechende Idee, die erklären könnte, warum auch heute noch so viele erwachsene Hunde gerne spielen.

Aber warum spielen Hunde? Was haben sie vom Spielen? Antworten gibt es dazu in einem sehr lesenswerten Übersichtsartikel der Fachzeitschrift *Behavioural Processes*. Die Wissenschaftler John Bradshaw et al. unterscheiden in dem Artikel drei Arten von Spiel: Hunde, die alleine mit einem Objekt spielen, Hunde, die gemeinsam mit anderen Hunden spielen und Hunde, die mit Menschen spielen. Am einfachsten zu erklären ist das Spiel mit dem Menschen, wenn man betrachtet, welche langfristigen, also adaptiven Vorteile der Hund davon hat: Das Spiel stärkt das Band zwischen Hund und Halter. Mehrere Studien zeigen, dass beim Spiel der Spiegel des Stresshormons Kortisol sowohl beim Hund als auch beim Menschen sinkt, während „Glückshormone" – unter anderem Endorphin und Oxytocin – freigesetzt werden. Halter, die mit ihren Hunden weniger schimpfen und mehr spielen, bekommen kooperative Hunde – eine positive Aufwärtsspirale.

Aber welchen Vorteil haben erwachsene Hunde durch Spiel mit anderen Hunden? John Bradshaw et al. erläutern, dass Hunde, die sich gut kennen, gemeinsame Spielregeln aufsetzen. Je nach Spielkamerad versucht ein bestimmter Hund, das Scheingefecht zu „gewinnen" oder zu „verlieren". So können lang andauernde Beziehungen zwischen Hundekameraden spielerisch gefestigt werden. Spiel zwischen Hund und Mensch scheint jedoch unter gleichberechtigteren Bedingungen abzulaufen als Spiele unter Hunden. Ein Hund gibt beispielsweise einem Menschen leichter ein Spielzeug ab – um das Spiel möglichst fortzusetzen – als einem anderen Hund. Überhaupt sorgen Objekte in der Regel für längeres Spiel. Denken Sie nur daran, mit welcher Freude viele Hunde immer wieder ein Stöckchen apportieren oder beim Zergeln um einen Handschuh dabei sind. Hunde spielen am allerliebsten in einem sozialen Zusammenhang und Hundespielsachen zum Alleinespielen sind nicht annähernd so amüsant. Auch wenn Hunde oft rasch die Lust an neuen Spielsachen verlieren, scheinen doch solche mit unvorhersehbaren Tönen und Bewegungen höchst attraktiv zu sein. Anders ausgedrückt: Spielsachen, die an Beute erinnern. Das Motiv fürs Spiel ist dabei ein ganz anderes als das soziale Spiel.

Familienhunde führen ein sicheres und bequemes Leben. Sie erfahren nicht die Nachteile, die Spielen für Wildtiere bedeutet.

Warum nehmen Hunde gerade diese
Körperstellung ein, wenn sie spielen wollen? Die Spielaufforderung der Hunde
hat nun eine Erklärung gefunden.

Für Wildtiere ist Spielen mit Energieverlust verbunden, der
durch vermehrte Nahrungsaufnahme kompensiert werden muss.
Im Spiel selbst ist ein Wildtier nicht so aufmerksam wie sonst und
setzt sich möglicherweise Raubtierangriffen aus. Und schließlich
ist da noch das Verletzungsrisiko beim Spiel. Es wäre interessant
zu untersuchen, wie viel streunende erwachsene Hunde spielen.
Aber diese Fragestellung hat noch kein Wissenschaftler in Angriff genommen. Die Vermutung liegt nahe, dass Hunde, die
mehr darum kämpfen müssen, Futter oder Partner zu finden,
weniger spielen.

Bereits 1872 beschrieb der „Vater der Evolution" Charles Dar-
win im Buch „*The Expression of the Emotions in Man and Animals*"
die Spielaufforderung des Hundes. Wir kennen sie alle: Der
Hund steht direkt dem anderen Hund oder einem Menschen
gegenüber, die gestreckten Vorderbeine an den Boden gedrückt
und den Po in die Höhe gereckt. Das Gesicht ist voller Lebensfreude und er kommuniziert klar und deutlich:

Komm und spiel mit mir! Aber warum zeigen Hunde dieses stereotype Verhalten als Spielsignal? Hat die Körperstellung eine Funktion im Spiel? Tatsächlich gingen Wissenschaftler erst 2016, fast 150 Jahre nach der ersten wissenschaftlichen Beschreibung der Spielaufforderung, der Ursache für dieses Signal auf den Grund. In einem Artikel in der Zeitschrift *Behavioural Processes* werteten Sarah-Elizabeth Byosiere et al. vier Hypothesen zur Spielaufforderung des Hundes aus:

DAS SPIEL WIEDER AUFGREIFEN: Es handelt sich um ein ritualisiertes Signal an das Gegenüber, ein beendetes Spiel wieder aufzugreifen.

GUTE ABSICHTEN DEMONSTRIEREN: Es handelt sich um ein ritualisiertes Signal des Hundes, gute Absichten deutlich zu machen, nachdem er ein missverständliches Verhalten gezeigt hat. Zum Beispiel spielerisches Beißen in Kopf oder Nacken des Spielpartners und anschließend schnelles seitliches Schütteln des eigenen Kopfes.

EINE BESSERE STRATEGISCHE POSITION EINNEHMEN: Es handelt sich tatsächlich um die beste Köperhaltung für schnellen spielerischen Rückzug oder Angriff.

VERHALTEN SYNCHRONISIEREN: Die Spielpartner spiegeln ihre Verhalten, um zu zeigen, dass beide spielen und damit ihre beständige Beziehung pflegen wollen.

Das Beste an diesen vier Hypothesen ist, dass man von jeder einzelnen ausgehend überprüfbare Voraussagen aufstellen kann, das heißt, ein Geschehen, das eintreffen sollte, wenn genau diese Hypothese richtig ist. Während des Zeitraums von zehn Jahren filmten die Wissenschaftler paarweise Interaktionen zwischen 16 kastrierten Familienhunden. Insgesamt konnten über 400 Situationen ausgewertet werden, in denen die Hunde Spielaufforderungen zeigten, die jeweils durchschnittlich zwei Sekunden dauerten. Es zeigte sich, dass die Hunde mehr spielten

Den Bauch während des Spiels zu präsentieren,
muss kein Signal von Unterwürfigkeit sein.

und weniger Pausen machten, wenn einer der Hunde die Spielaufforderung gezeigt hatte. Damit wurde die Hypothese vom
Wiederaufgreifen des Spiels gestützt. Es zeigte sich auch, dass
die Hunde ihr Spiel stärker spiegelten, nachdem einer von ihnen
die Spielaufforderung gezeigt hatte. Dadurch wurde auch die
Hypothese des synchronisierten Verhaltens von diesen Ergebnissen gestützt. Die anderen Hypothesen konnten hingegen nicht
untermauert werden.

In einem früheren Artikel fanden die Wissenschaftler allerdings einen Anhaltspunkt für die Hypothese, dass die Spielaufforderung gute Absichten verdeutlicht. Hier hatte man jedoch
Welpen in die Studie mit einbezogen. Bei jungen Wurfgeschwistern ist der spielerische Biss in den Nacken sehr viel üblicher als
bei erwachsenen Hunden. Die Wissenschaftler weisen also nachdrücklich darauf hin, dass die Aufforderung zum Spielen und
die Intensität des Spiels davon abhängen, wie gut sich die Hunde
kennen.

Manchmal rollt sich ein Hund nach der Spielaufforderung
mit den Beinen in die Höhe auf den Rücken und zeigt seinen
Bauch. In diesem Zusammenhang scheint das ritualisierte Spielsignal vorzuliegen. Aber eine kürzlich veröffentlichte Magisterarbeit von Kerri Norman aus Kanada zeigt, dass es tatsächlich
ungewöhnlich ist, dass Hunde sich als Spieleinladung auf den
Rücken legen. Nur in 5 % der Fälle nahmen die Hunde zuerst
die Spielaufforderung ein, um dann direkt in die Rückenlage
zu gehen. War das Spiel jedoch in Gang gekommen, wurde die

Rückenlage als Teil einer Kampftechnik angewandt – entweder in offensiver Absicht, um gegen die Kehle des Spielkameraden einen Angriff zu starten, oder in defensiver Absicht, um den Nacken gegen Angriffe zu schützen. Laut Kerri Norman bedeutet die Rückenlage dabei keine Unterwürfigkeit. Auf der anderen Seite betont sie, dass es wichtig ist, die früheren Beziehungen zwischen den betreffenden Hunden zu kennen. Es ist wahrscheinlicher, dass es um Status geht, wenn einer der Hunde ohne Spielsituation in die Rückenlage geht.

DIE WISSENSCHAFT ERKLÄRT:
HUNDESPIEL

- Die Spielaufforderung bei Hunden mit nach vorne gestreckten Vorderbeinen und dem Po in die Höhe ist ein ritualisiertes Signal, das Spiel nach kurzem Stopp wieder aufzugreifen.

- Spielkameraden spiegeln ihr Verhalten häufig nach ausgeführter Spielaufforderung.

- Die Rückenlage während des Spiels ist eine Form der Kampftechnik, um (spielerische) Angriffe zu starten oder sich zu verteidigen.

- Spiele zwischen Hund und Mensch bauen Stress ab und setzen Glückshormone bei beiden Beteiligten frei.

- Spiele zwischen Hund und Mensch sind eher gleichberechtigt als Spiele zwischen Hunden.

- Hunde spielen meist in sozialem Zusammenhang. Das unterhaltsamste Solitärspiel für Hunde ist das mit Objekten, die an Beutetiere erinnern.

- Spielen ist für Wildtiere mit erheblichen Nachteilen verbunden. Der sicher lebende und wohlgenährte Familienhund muss diesen Preis jedoch nicht zahlen.

Hierarchien und Dominanz

Gemeinsam sind wir stark – in sozialen Gruppen zu leben hat viele Vorteile! Wenn Individuen zusammenarbeiten, können sie zum Beispiel Beute erlegen, die einer alleine nicht bewältigen würde. Man muss nur an das Wolfsrudel denken, das einen Elchbullen erlegt, der zehnmal mehr wiegt als ein einzelner Wolf. Aber die Vorteile der Zusammenarbeit betreffen nicht nur die Nahrungsbeschaffung, sondern auch die Revierverteidigung oder die Aufzucht von Jungen. Die Individuen der Gruppe können ganz einfach ihre Aufgaben untereinander aufteilen und voneinander lernen.

Das Leben in der Gruppe hat aber auch Nachteile. Nicht alle Individuen können sich vielleicht vermehren und in Hungerszeiten werden nicht alle satt. Das kann wiederum zu dauerhaftem Stress und Konflikten führen, die schlimmstenfalls in Kämpfe münden. Es ist also wichtig, dass die Hierarchie in der Gruppe bestehen bleibt. Bei den Kapuzineraffen in Südamerika zum Beispiel sind bestimmte Individuen dominanter als andere und es gibt eine deutliche Hierarchie unter den Affen. Wenn zwei Individuen sich treffen, zeigen sie deutlich ihren Status durch dominante beziehungsweise unterwürfige Signale. Manchmal führt das zu kuriosen Ausdrucksweisen, wenn der Dominante dem Untergebenen beispielsweise einen Finger in die Nase oder ins Auge bohrt! Sie testen sich unablässig gegenseitig aus, um so die Hierarchie in der Gruppe aufrechtzuhalten.

Auch bei Hunden gibt es Verhaltensweisen, die Dominanz oder Unterwürfigkeit anzeigen. Wie wichtig diese für den Erhalt stabiler Beziehungen innerhalb der Gruppe sind, wurde bisher allerdings in der Wissenschaft kontrovers diskutiert. Ein Forschungsteam unter Leitung von John Bradshaw beobachtete 19 kastrierte Rüden in einem Tierheim und fand keine Hinweise für eine hierarchische Ordnung zwischen den Individuen. Mit anderen Worten war niemand konsequent rangmäßig hoch oder niedrig, sondern der Status hing von Situation und Zeitpunkt ab. Deshalb stellten John Bradshaw et al. fest, dass Verhaltensweisen, die den Status anzeigen, nicht zur Beschreibung sozialer Beziehungen funktionieren, jedenfalls nicht bei kastrierten Familienhunden. Eine Erklärung könnte sein, dass viele Hunde heutzutage nicht mehr im Rudel leben und es daher nicht mehr so wichtig ist, dominante oder unterwürfige Verhaltensweisen zu zeigen. Eine andere Erklärung könnte sein, dass kastrierte Hunde ohnehin nicht so sehr zu aggressiven Verhaltensweisen neigen. In den letzten Jahren wurden jedoch mehrere Artikel veröffentlicht, die detailliert hundliches Verhalten in der Gruppe unter die Lupe genommen haben und deren Folgerungen sich von denen von John Bradshaw et al. unterscheiden.

In einem dieser Artikel beobachteten die amerikanischen Wissenschaftlerinnen Rebecca Trisko und Barbara Smuts zwölf Rüden und zwölf Hündinnen in einer Hundetagesstätte. Es waren verschiedene Rassen, aber alle waren kastriert. Ausgehend von paarweisen Interaktionen zwischen verschiedenen Kombinationen von Hunden fanden die Wissenschaftlerinnen, dass Verhaltensweisen, die Unterwürfigkeit zeigten, weitaus öfter vorkamen als dominante. Das allerdeutlichste Unterwürfigkeitssignal war, wenn ein Hund mit dem Körper in tiefer Position die

Lefzenwinkel eines dominanteren Hundes schleckte. Diese und andere Verhaltensweisen geschahen unabhängig von Situation und Zeitpunkt. Anders ausgedrückt gab es eine deutliche hierarchische Struktur zwischen den allermeisten Individuen in der Hundetagesstätte, die durchgehend stabil waren. Ältere Hunde hatten einen höheren Rang als jüngere und dies unabhängig von der Körpergröße. Kleine, ältere Hunde hatten also in der Regel einen höheren Rang als große, jüngere Hunde.

Genau wie in früheren Studien bei Wölfen war dominantes Verhalten gängiger bei Interaktionen gleichgeschlechtlicher Hunde. Allerdings fügten sich nicht alle Hunde ins Glied - der Status einiger änderte sich von Tag zu Tag. Die Persönlichkeit der Hunde schien außerdem wichtiger für den Rang zu sein als die Rasse. Die Wissenschaftlerinnen unterstrichen aber auch, dass die Gruppengröße zu gering war, um herauszufinden, ob bestimmte Rassen dominanter sind als andere. Sie zeigen auch auf, dass wir gegenwärtig nicht wissen, inwiefern Hunderassen mit sehr unterschiedlichem Aussehen sich gegenseitig deuten können. Vielleicht verstehen sich einander ähnliche Hunde ja doch besser?

Wenn es also große Unterschiede im Aussehen und Temperament zwischen den Hunderassen gibt, sollten wir dann nicht doch eine ausgeprägter Hierarchie erwarten - das heißt deutlichere Unterschiede im Rang zwischen Individuen - bei eher „draufgängerischen" als „schüchternen" Rassen? Vergleichen Sie zum Beispiel die energiegeladenen und extrovertierten Charaktere beim Rottweiler und Belgischen Schäferhund mit den ruhigen Zügen beim Cavalier King Charles Spaniel und Labrador Retriever. Aber um das herauszufinden, müssen wir zuerst wissen, ob es allgemeingültige Verhaltensweisen gibt, die Statusunterschiede innerhalb der Hierarchie bei Hunden unterschiedlichen Rangs anzeigen.

2015 veröffentlichte eine holländische Forschergruppe just eine solche Studie in *PLoS ONE*. Joanne van der Borg et al. testeten 24 unterschiedliche Verhaltensweisen und sieben verschiedene Körperhaltungen (siehe Tabelle Seite 46), um zu ermitteln, welche am besten Statusunterschiede beschreiben. Zur Unterstützung kamen zehn Hunde der neu gegründeten Hundezucht der Universität Utrecht in den Niederlanden. Sowohl Rüden als auch Hündinnen verschiedener Rassen waren Teil der Untersuchung und kein Tier war kastriert. Während gut 300 Stunden beobachteten die Wissenschaftler paarweise Interaktionen zwischen diesen Hunden. Um ein Verhalten einem Status zuverlässig zuordnen zu können, stellten die Forscher bestimmte Kriterien auf: Es sollte häufig in paarweisen Interaktionen vorkommen, aber nur ein Hund in der Konstellation sollte das Verhalten zeigen und es sollte ausgehend von diesem Verhalten eine stabile Hackordnung zwischen allen Hunden festgestellt werden können.

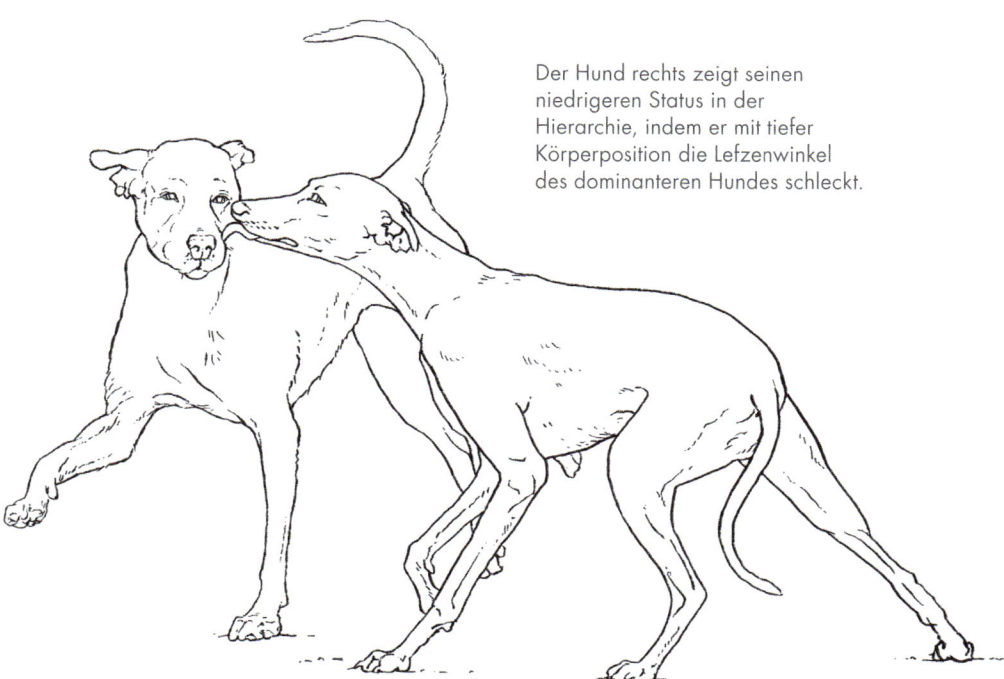

Der Hund rechts zeigt seinen niedrigeren Status in der Hierarchie, indem er mit tiefer Körperposition die Lefzenwinkel des dominanteren Hundes schleckt.

ETHOGRAMM/VERHALTENSINVENTAR für die Verhaltensweisen, die laut einer holländischen Untersuchung am deutlichsten und besten Unterwürfigkeit oder Dominanz anzeigen. Andere Verhaltensweisen, die weniger zuverlässige Signale waren, werden unter der Tabelle aufgezählt.

VERHALTENSWEISE		BESCHREIBUNG
Lefzenwinkel-schlecken	UNTERWÜRFIG	Schleckt mehrmals mit schnellen Bewegungen die Lefzenwinkel des Gegenübers.
Körper-/ Schwanzwedeln	UNTERWÜRFIG	Wedelt unregelmäßig und schnell mit dem Schwanz, oft wackelt auch der Hinterleib, der Hund hat eine neutrale oder tiefe Haltung.
Unter dem Kopf durchgehen	UNTERWÜRFIG	Kommt von der Seite und geht unter dem Kopf des Gegenübers vorbei, oft mit kurzem Kontakt mit Nase-Wange, der Hund hat eine neutrale oder tiefe Haltung.
Fliehen	UNTERWÜRFIG	Läuft mindestens drei Meter vom Gegenüber weg, den Kopf abgewandt.
Attackieren	DOMINANT	Beißt in die Luft, während er sich ein oder zwei Schritte in Richtung zum Gegenüber bewegt, kein Körperkontakt.
Über dem anderen stehen	DOMINANT	Hält den Kopf über dem Körper des Gegenübers mit vier Pfoten auf dem Boden, der Hund hat eine neutrale oder hohe Haltung.
Über die Nase beißen	DOMINANT	Beißt von oben oder der Seite in die Nasenpartie des Gegenübers.

Starren, gesträubtes Fell, knurren, Zähne zeigen, angreifen, beißen, kämpfen, nachgeben, zurückweichen, die eigene Nase lecken, wegsehen, erstarren, sich nähern, Objekte stehlen, bellen, mit dem Schwanz wedeln, Pfote auflegen.

ETHOGRAMM/VERHALTENSINVENTAR VON SIEBEN KÖRPERHALTUNGEN		
HALTUNG	**SCHWANZ / RUTE**	**OHREN**
Hoch	So hoch es geht.	So hoch aufgestellt und nach vorne wie möglich.
Halbhoch	Über dem Rückenniveau.	Teilweise aufgestellt oder nach vorne, höher als bei „neutral".
Neutral	Folgt dem Hinterleib, gleich unter dem Rückenniveau.	Entspannt.
Auf dem Rücken	Wie in der „neutralen" Stellung, der Hund liegt jedoch auf dem Rücken oder der Seite.	Wie in der „neutralen" Stellung, der Hund liegt jedoch auf dem Rücken oder der Seite.
Halbtief	Tiefer als bei „neutral", jedoch nicht in Richtung oder zwischen den Hinterbeinen.	Teilweise angelegt oder nach vorne, tiefer als bei „neutral".
Tief	S-förming und in Richtung Hinterleib oder zwischen den Hinterbeinen.	So weit angelegt oder nach hinten wie möglich.
Tief, auf dem Rücken	Wie bei „tief", aber der Hund liegt auf dem Rücken oder der Seite.	Wie bei „tief".

Von allen 24 Verhaltensweisen war das „Körper-/Schwanzwedeln" dasjenige, das die Kriterien am besten erfüllte. Dieses ritualisierte Verhalten zeigt deutlich Unterwürfigkeit und freundliche Absichten dem Gegenüber an. Auch das „Lefzenwinkellecken" und „unter dem Kopf durchgehen" waren deutliche Unterwerfungssignale, die nur dem ranghöchsten Rüden bzw. Weibchen entgegengebracht wurden. Verhaltensweisen, die Dominanz anzeigen, waren schwieriger zu entdecken, aber „über die Nase beißen" unternahmen nur höchstrangige Hunde gegenüber den untergeordneten. Alle Verhaltensweisen werden selbstverständlich von einer bestimmten Körperhaltung begleitet, die die Botschaft noch einmal mehr verstärkt. Die Wissenschaftler konnten zeigen, dass es ein deutlich unterwürfiges Signal war, wenn ein Hund seine Körperhaltung von „hoch" in eine tiefere veränderte, wenn er mit einem dominanten Hund interagierte (siehe Tabelle Seite 47). Joanne von der Borg et al. konnten auch eine deutliche „Hackordnung" zwischen den zehn Hunden nachweisen. Wenn ein Hund nicht seinen Platz im Glied verstand, pflegte ein dominanter Hund seine Unzufriedenheit durch Starren, Zähnezeigen oder Attackieren des Untergebenen zu zeigen. Diese recht milde Form von Aggression bedeutet, dass die Hunde in dieser Gruppe laut den Wissenschaftlern ein tolerantes Dominanzverhalten zeigten. Sind die Rangunterschiede zwischen Leithund und den anderen sehr groß, nennen die Forscher dies despotisches Dominanzverhalten. Umgekehrt nennt man bei geringen bis keinen Unterschieden Dominanzverhalten entspannt oder egalitär.

Die Hierarchie unter Hunden kann während der Läufigkeit der Hündinnen und beim Säugen der Welpen besonders deutlich werden. Dies zeigte eine Studie an freilebenden Hunden in Indien von Sunil Kumar Pal. Am Ende der Monsumsaison, wenn die Hündinnen läufig wurden, war aggressives, Verhalten unter den Rüden der Gruppe besonders ausgeprägt, und als die Hündinnen die Welpen säugten, war unterwürfiges Verhalten gegenüber den Hündinnen üblich. Im restlichen Jahr gab es keine ausgeprägten Dominanzverhältnisse innerhalb der Gruppe.

Auch wenn heute viele Hunde kastriert sind - besonders in den USA, wo Kastrationen an der Tagesordnung sind - zeigen die genannten Studien, dass die Hunde sowohl dominante als auch unterwürfige ritualisierte Verhaltensweisen noch praktizieren, um ihren Status innerhalb einer Gruppe zu zeigen wie beim Züchter, in der Hundetagesstätte oder im Hundeverein.

DIE WISSENSCHAFT ERKLÄRT:
HIERARCHIEN UND DOMINANZ

- „Seinen Platz zu kennen" minimiert die Konfliktgefahr zwischen Mitgliedern sozialer Gruppen.

- Mehrere Studien zeigen, dass Hunde in Gruppen sich oft in eine Hierarchie fügen, in der einige dominanter und andere unterwürfiger sind.

- Die Verhaltensweisen, die am deutlichsten Unterwürfigkeit anzeigen, sind: (1) mit dem Schwanz wedeln, während sich der Körper in einer tiefen Position befindet, (2) die Lefzenwinkel des Gegenübers zu lecken, (3) unter dem Kopf des Gegenübers durchzulaufen, (4) die Körperhaltung von einer hohen zu einer tiefen Position zu verändern.

- Das Verhalten, das am deutlichsten Dominanz mitteilt, ist, dem Gegenüber über die Nase zu beißen.

- Ältere Hunde sind oft dominanter als jüngere, unabhängig von der Größe.

- Aggressive Interaktionen kommen unter Gleichgeschlechtlichen öfter vor.

- Dominanzverhalten variiert erwartungsgemäß je nach Konstellation verschiedener Hunderassen innerhalb der Gruppe.

- Am häufigsten unter Hundegruppen ist sogenanntes tolerantes Dominanzverhalten, es kommt eher vor als despotisches und egalitäres.

Zusammenspiel zwischen Hund und Mensch

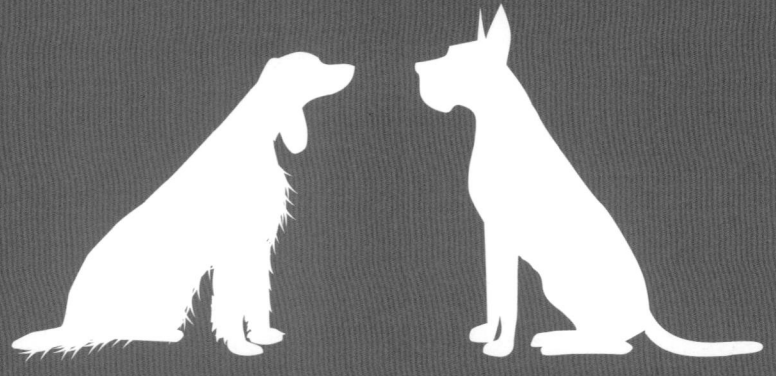

Was müssen Sie tun, damit Ihr neuer Begleiter
Vertrauen fasst? Verhält sich Ihr Hund Ihnen
gegenüber anders als Ihren Freunden oder gar
Fremden? In diesem Kapitel erfahren Sie die
Antworten der Wissenschaft dazu. Wir nehmen auch
unter die Lupe, wie Hunde dazu beitragen, dass wir
ein gesünderes und erfüllteres Leben führen. Wussten
Sie zum Beispiel, dass tiergestützte Therapien in
den vergangenen Jahren wie Pilze aus dem Boden
geschossen sind?

Beziehungsaufbau

Endlich zieht ein Hund ein! Ihr Welpe stammt von einem seriösen Züchter, Sie haben mehrere Bücher über Hundeerziehung gelesen und sich für einen Welpenkurs angemeldet. Soweit haben Sie alles richtig gemacht. Und doch nagt möglicherweise nach einiger Zeit mit dem neuen Welpen eine gewisse Unruhe an Ihnen: „Ist die Bindung meines neuen Gefährten an mich, wie sie sein sollte? Was könnte ich für ein noch besseres Zusammenspiel tun?" Die Wissenschaft nennt die Interaktion zwischen Ihnen und Ihrem Hund Dyade oder Zweierbeziehung: Es liegt wesentlich an Ihnen, dass Sie und Ihr Hund diese erstrebenswerte, enge Bindung bekommen und Ihr Welpe sich zu einem sicheren Individuum entwickeln kann. In diesem Abschnitt erfahren Sie ebenso viel über sich selbst und Ihr Verhalten wie über den Welpen und dessen Verhalten.

Eine vertrauensvolle Bindung ist eine Grundvoraussetzung für einen fröhlichen und ausgeglichenen Hund, der voller Energie seine Umwelt entdeckt und erforscht. Im Prinzip ist das Streben des Hundes, Bindung zum Halter aufzubauen, seine Überlebensstrategie. Der Familienhund braucht den Menschen, damit seine Grundbedürfnisse gedeckt werden – Nahrung und ein Dach über dem Kopf beispielsweise – aber der Hund braucht auch die Beziehung zum Menschen, um vor realen und imaginären Gefahren geschützt zu werden. Bindung bedeutet, dass Ihr Hund sich sicher fühlt, weil es Sie gibt und Sie für ihn da sind, und dass Sie für Schutz und Nahrung sorgen (und damit mehr als nur ein lustiger Spielkamerad sind). Aber wie kann man wissen, ob wirklich eine enge Bindung vorliegt? Um das herauszufinden, legen Ethologen (Verhaltensbiologen) die gleichen vier Theorien zugrunde wie Psychologen bei der Kind-Eltern-Bindung: „eine sichere Basis", „ein sicherer Hafen", „Trennungsangst" und „Nähesuchen". Die australischen Wissenschaftler Elyssa Payne et al. haben einen Übersichtsartikel in *Behavioural Processes* veröffentlich, für den sie alle früheren Artikel durchgingen, um zu erfassen, wie diese vier Theorien in der Forschung unterstützt werden. Heraus kam, dass das allerbeste Zeichen guter Bindung zwischen Ihrem Hund und Ihnen ist, wenn er in Ihrer Anwesenheit mehr spielt und erkundet als dann, wenn er alleine oder mit Fremden zusammen ist. Dann sind Sie nämlich die „sichere Basis" für Ihren Hund: Er fühlt sich sicher genug, um seine Umgebung zu erkunden und fremde Objekte zu erforschen. Ein ähnlich sicheres Zeichen guter Bindung ist, wenn Ihr Hund in für ihn unsicheren Situationen Ihre Nähe sucht, zum Beispiel, wenn ein furchteinflößender Fremder auf ihn zukommt.

In diesem Fall sind Sie der „sichere Hafen" in stressenden Situationen. Elyssa Payne et al. konnten unter anderem nachweisen, dass beim Näherkommen eines Fremden der Puls des Hundes ruhiger blieb, wenn der Halter dabei war. Wenn der Hund hingegen alleine war, raste sein Herz geradezu. Dass Hunde beim Weggehen des Halters Trennungsangst bekommen können, ist in etlichen Studien gut belegt. Wie sich ein Hund verhält, nachdem er in einer für ihn fremden Umgebung alleine gelassen wurde und wieder mit seinem Halter zusammenkommt, ist auch ein guter Indikator für die Bindung. Aber was bedeutet es, wenn mein Hund extrem die Nähe zu mir sucht und wie ein Pflaster an mir klebt? Ist das auch noch ein Zeichen für eine sichere Bindung? Ganz so einfach ist es nicht. Elyssa Payne et al. konnten feststellen, dass, wenn Halter eine enge Bindung zu ihrem Hund schilderten, der Hund im Gegenzug ein größeres Bedürfnis nach Nähe zu ihnen an den Tag legte. Die Wissenschaftler vermuten, dass Hunde Persönlichkeit und Verhalten des Halters spiegeln und in einer solchen Konstellation daher ängstlicher und unselbstständiger werden. Aber noch hat keine Studie sicher belegt, dass „Nähesu-chen" in ängstlichem Verhalten begründet liegt. Auch Hunde aus der Tiervermittlung suchen schon nach kurzer Eingewöhnung die Nähe zu völlig Fremden. Daher muss das Bedürfnis eines Hundes nach Nähe des Halters nicht zwingend eine enge Bindung bedeuten.

Anders ausgedrückt sind die sichersten Zeichen einer engen Bindung zwischen Hund und Halter das, was die Wissenschaft „sichere Basis" und „sicherer Hafen" nennt. Als Hundehalter ist Feingefühl wichtig: Zeigen Sie Ihrem Hund, dass Dinge nicht ge-fährlich sind. Beim Aufbau einer sicheren Bindung ist es wichtig, sich als Halter in seinen Hund einzufühlen und ihn zu lesen, um seinen Bedürfnissen gerecht zu werden.

Aber wie schafft man es nun, eine enge Bindung und gute Beziehung zu seinem Hund aufzubauen? Wahrscheinlich kann ein anderen Menschen gegenüber sensibler und empathischer Mensch auch leichter das Verhalten seines Hundes verstehen. Erinnern Sie sich an den Begriff „emotionale Intelligenz", der vor gut zwanzig Jahren in aller Munde war? Der Psychologe und Wissenschaftsjournalist Daniel Goleman prägte 1995 diesen Begriff, der die Fähigkeit beschreibt, mit eigenen und fremden Gefühlen zutreffend umzugehen. Emotionale Intelligenz setzt sich aus fünf Teilen zusammen: Selbstwahrnehmung, Selbstre-gulierung, Selbstmotivation, Empathie und soziale Kompetenz. Vieles deutet darauf hin, dass diese Eigenschaften bei Hundehal-tern ausschlaggebend dafür sind, wie gut die Bindung zwischen Hund und Mensch letztendlich wird. Hat der Halter einen hohen EQ (= Emotionaler Quotient, in Analogie zu IQ = Intelligenz-quotient), sollte sich das in einer besseren Beziehung zwischen Mensch und Tier niederschlagen. Gleichzeitig stellen Elyssa Pay-ne et al. jedoch auch fest, dass bisher nur wenig zum Thema EQ und Bindung geforscht worden ist. Unbestritten ist, dass empathische Hundehalter mit positiver Grundeinstellung entspanntere Hunde haben – gemessen am Kortisolspiegel (Stresshormon) im Speichel. Ein empathischer Hundehalter sieht im Hund einen Freund und hat in der Regel eine enge Bindung, wodurch er schneller merkt, wenn seinem Hund etwas weh tut. Ein Halter, der einen Hund nach seinen „Einsatzmöglichkeiten" beurteilt, zeichnet sich durch dominanteres Verhalten aus und versucht öfter, sich gegen den Hund durchzusetzen.

Eine positive Rückkopplung an den Hund erleichtert den Aufbau einer guten Bindung und festigt eine bereits gute Beziehung. Sie kennen sicherlich schon die Zauberwörter: Futter, Körperkontakt und Spiel. Hunde scheinen eindeutig Bestärkungen in Form von Futter und Leckerchen einem Streicheln oder Bürsten vorzuziehen. Für die Forscher ist unbestritten, dass Futter eine große Rolle für die gute Bindung zwischen Hund und Mensch spielt. Hunde, die nicht viel Körperkontakt gewohnt sind, wie es bei Tierschutzhunden sein kann, lieben es jedoch mehr, gestreichelt oder gekämmt zu werden als Familienhunde. Mit seinem Hund zu spielen, ist eine andere Art, die Bindung zu stärken und außerdem ein guter Weg, um Stress beim Hund zu verringern. Auch wenn der Hund mit anderen Hunden spielen kann, liebt er es, mit seinem Halter zu spielen. Das Spiel mit Menschen scheint andere Bedürfnisse abzudecken als das Spiel mit anderen Hunden (siehe Kapitel „Hundespiel").

Außerdem festigt es die Beziehung zu seinem Hund, wenn gutes Verhalten gelobt wird. Die amerikanischen Wissenschaftler Erica Feuerbacher und Clive Wynne wollten herausfinden, ob Hunde ein aufmunterndes Tätscheln oder mündliches Lob lieber haben. Der unmissverständliche Titel ihres Artikels lautet:

„Shut up and pet me!" bzw. *„Halt die Klappe und kraul mich!"*. In der Studie beobachteten die Wissenschaftler 42 Hunde: 14 Tierschutzhunde mit fremden Menschen, 14 Familienhunde mit ihren Haltern und 14 Familienhunde mit Fremden. Alle Hunde wollten lieber an dem Körperteil, der dem Menschen am nächsten war, gestreichelt werden, als mit freudiger Stimme gelobt zu werden: „Du bist ein guter Hund. Du bist ein ganz Süßer!". Das mündliche Lob schien an den Hunden vorbeizugehen – sie blieben nicht länger bei den Menschen als dann, wenn die Personen ganz ruhig und passiv da saßen. Ins Auge fallend war jedoch der Unterschied, als die Hunde gestreichelt wurden. Keiner der Hunde schien während der drei Minuten Streicheleinheiten davon genug zu bekommen. Körperkontakt scheint also mündlichem Lob absolut überlegen zu sein, um Bindung aufzubauen.

Hunde haben eine einzigartig enge Beziehung zu Menschen und werden oft als Familienmitglieder angesehen. In einer größeren amerikanischen Untersuchung im Jahre 1999 gaben 84 Prozent der Befragten an, dass sie sich selbst eher als Eltern statt als Halter ansahen. Da liegt der Schritt zur Vermenschlichung des Hundes, dass sein Verhalten von gleichen Motiven wie die des Menschen gesteuert wird, nahe. Die moderne Verhaltensforschung verhält sich jedoch kritisch dazu, menschliche Gefühle wie Glück, Trauer, Eifersucht und Scham im Verhalten von Tieren zu sehen. Es ist kein Zeichen von Schuld oder Reue, wenn ein Hund Augenkontakt vermeidet, nachdem er das gute Porzellan zerdeppert hat. Vielmehr ist es ein gelerntes Verhalten als Reaktion auf das Gebaren des Halters. Wir senden bewusste und unbewusste Signale und die Hunde antworten mit unterwürfigem Verhalten. Diese Form der sogenannten Konditionierung heißt nicht, dass Hunde ihren Fehler einsehen. Aber man tappt dennoch allzu leicht in die Falle und projiziert die eigenen Gefühle auf den Hund. Die amerikanischen Psychologen Christina Brown und Julia McLean konnten zeigen, dass Menschen, die mit Schuldgefühlen durchs Leben gehen, häufig denken, ihre Hunde schämten sich, nachdem sie Unsinn angestellt haben.

Ebenso interpretierten diese Menschen aktive Hunde öfter als ängstlich und nervös, ohne dass Gefahr erkennbar war – zum Beispiel, wenn sie vor der Haustür hin und her gingen.

Die inneren Werte zählen, wie man so schön sagt. Andere nur nach dem Äußeren zu beurteilen, gilt als oberflächlich. Lassen wir uns bei Hunden dennoch mehr oder weniger von Vorurteilen leiten? Glauben wir, dass niedliche Hunde freundlicher sind als unattraktive? Glauben wir vielleicht auch, dass niedliche Hunde eine bessere Bindung zu uns aufbauen als hässliche? Dies untersuchte ein Forscherteam um Pinar Thorn in Australien in einer Onlineumfrage. Rund 700 Hundehalter beantworteten zunächst 28 Fragen zur Bindung. Anschließend sollten die Halter auch die Persönlichkeit ihres Hundes anhand 26 weiterer Fragen beschreiben, die in fünf Kategorien zusammengefasst werden konnten: Freundlich, extrovertiert, motiviert, neurotisch und trainingsfokussiert. Schließlich mussten die Halter anhand einer sechsstufigen Skala beschreiben, wie niedlich sie ihre Hunde fanden: von „gar nicht niedlich" bis „absolut niedlich". Die Ergebnisse zeigten, dass die jenigen Halter, die ihre Hunde niedlich fanden, eine stärkere Bindung an sie hatten. Der Niedlichkeitsfaktor war genauso wichtig wie die Persönlichkeit, warum die Halter eine gute Bindung zu ihrem Hund hatten.

Aber Schönheit liegt immer im Auge des Betrachters. Fast 900 Personen, die die Hunde aus der Studie nicht kannten, sollten anhand von Fotos beurteilen, wie niedlich sie die Hunde fanden. Es zeigte sich, dass sie die Hunde fast ausnahmslos unattraktiver fanden als die Halter. Aber wie die Halter glaubten auch diese Personen, dass niedliche Hunde freundlicher seien als hässliche, und das, obwohl sie den Hunden niemals begegnet waren. Es ist offensichtlich, dass wir den Hund frei nach dem Zitat von Johann Gottfried von Herder eben doch nach den Haaren schätzen.

DIE WISSENSCHAFT ERKLÄRT: BINDUNG AUFBAUEN

- Die Wissenschaftler nennen das Zusammenspiel zwischen Ihnen und Ihrem Hund Dyade (Zweierbeziehung), was besagt, dass es genauso viel an Ihnen wie an Ihrem Hund liegt, ob eine gute Bindung entsteht.

- Nach der Bindungstheorie zeigt sich eine gute Bindung zwischen Ihnen und Ihrem Hund unter anderem daran, dass Ihr Hund Schutz bei Ihnen sucht, wenn sich eine Bedrohung nähert (sicherer Hafen) oder dass er in Ihrer Anwesenheit spielt und erkundet (sichere Basis).

- Positive Rückkopplung bei gutem Verhalten gelingt in Form vom Futter, Körperkontakt und Spiel und fördert eine enge Bindung.

- Körperkontakt durch Streicheln fördert die Bindung weitaus mehr als nur mündliches Lob.

Wie fühlt sich Ihr Hund gemeinsam mit Ihnen?

Ihr Hund sollte neuen Bekanntschaften freundlich und tolerant begegnen – sowohl draußen, beim Gassigehen oder beim Hundetraining als auch zuhause, wenn Besuch kommt. Verhält sich Ihr Hund anders Ihnen gegenüber als Ihren guten Freunden oder komplett Fremden? Toleriert Ihr Hund vielleicht gute Freunde oder Fremde nur in bestimmten Kontexten? Und wo ist die Grenze, wie vertraulich ein Fremder mit Ihrem Hund umgehen kann?

Ein ungarisches Forscherteam unter der Leitung von Andrea Kerepsi hat untersucht, wie zwanzig Familienhunde mit ihren Haltern, deren engen Freunden und völlig Fremden umgingen. An dieser Studie nahmen nur Frauen teil, da frühere Untersuchungen gezeigt hatten, dass viele Hunde sich Männern gegenüber anders verhalten, aber auch, weil die Forschung gezeigt hat, dass Frauen mit Hunden anders umgehen als Männer. Insgesamt gab es acht verschiedene Situationen, die in der Tabelle auf Seite 64 beschrieben sind. Es kam deutlich heraus, dass in Situationen, in denen Bindung oder Trennungsangst getestet wurden, ausschließlich der Halter wichtig war. Dies findet sich in der Tabelle unter „fremde Situation", „weggehen" und „bedrohliche Annäherung" wieder. Der Halter ist die sichere Basis für den Hund, wenn etwas Furchteinflößendes geschieht und er wird vom Hund vermisst, wenn er kurzzeitig aus dessen Sicht verschwindet. Auch beim Spiel war der Halter der wesentlich bessere Kamerad als

SITUATION	ERKLÄRUNG	WISSENSCHAFTLICH ERFASST
Fremde Situation	Mitten im Raum stehen drei Stühle mit den Lehnen aneinander. Vor jedem Stuhl liegen ein Ball und ein Kauspielzeug. Drei Türen führen in den Raum. Der Hund war zunächst alleine, dann zusammen mit nur dem Fremden und dann mit allen drei Personen (Halter, guter Freund des Halters und einem völlig Fremden).	Wie lange ist der Hund in Kontakt mit einer der drei Personen oder spielt mit ihr, und wie lange wartet er an einer der drei Türen?
Den Hund vom Futter abrufen	Etwas Futter wurde in einer Dose vor die drei Personen gelegt. Der Hund durfte kosten, dann riefen die Personen 30 Sekunden lang gleichzeitig den Hund.	Wie lange war der Hund der entsprechenden Person zugewandt und wie oft blickte der Hund zwischen Futter und der Person hin und her?
Gehorsam	Die drei Personen standen im Halbkreis vor dem Hund. Nacheinander versuchten sie 15 Sekunden lang, den Hund ins Sitz oder Platz zu schicken.	Schafften die Personen das und wie lange dauerte es?
Weggehen	Die drei Personen gingen ohne den Hund zu beachten von ihm weg. Nach fünf Metern ging eine nach links, eine geradeaus und eine nach rechts.	Welcher der Personen folgte der Hund? Insgesamt drei Versuche.
Bedrohliches Annähern	Die drei Personen standen im Halbkreis um den Hund in der Mitte. Eine vierte Person mit schwarzer Regenjacke und Kapuze näherte sich dem Hund langsam, hinkend und ihm in die Augen starrend.	Zu welcher Person ging der Hund?
Spielerische Interaktion	Die drei Personen standen fünf Meter entfernt mit den Gesichtern dem Hund zugewandt. Eine vierte Person warf einen Ball, und sobald der Hund den Ball aufnahm, versuchten alle drei Personen, den Hund zu sich zu rufen.	Wie lange war der Hund der entsprechenden Person zugewandt und zu wem brachte er den Ball?
Futterverbot	Die drei Personen standen im Halbkreis mit dem angeleinten Hund in der Mitte. Ein Wurststückchen hing bei einer der Personen an einer am Bein befestigten Tafel. Der Hund wurde zu jeder Person geführt und als er Witterung aufnahm, sagte die Person einmal „Nein!". Dann wurde der Hund von der Leine gelassen.	In welcher Abfolge ging der Hund nach dem Ableinen vor und wie lange dauerte es, bis er zu fressen versuchte?
Manipu-lation des Hundekör-pers	Die drei Personen versuchten, den Hund ins Sitz und Platz zu schicken sowie auf den Rücken zu rollen. Sie durften für die Rückenlage keine Kommandos benutzen, stattdessen sollten sie die Hände nehmen.	Wie oft schafften sie es, die jeweilige Übung in 15 Sekunden auszuführen?

Experimente, um zu untersuchen, wie Familienhunde in acht unterschiedlichen Situationen mit ihren Haltern, engen Freunden des Halters und völlig Fremden umgehen.

der gute Freund des Halters oder der Fremde. Hingegen machte der Hund beim Gehorsam keinen Unterschied zwischen Halter und dessen gutem Freund, was in der Tabelle als „den Hund vom Futter abrufen", „Gehorsam", „Futterverbot" und „Manipulation des Hundekörpers" beschrieben wird. Wahrscheinlich hatte der gute Freund des Halters verschiedene Gehorsamsübungen schon miterlebt. Ein Auswahlkriterium war nämlich, dass sie seit Längerem mindestens zweimal die Woche regelmäßig Kontakt haben sollten. Die Grenze der Hunde war jedoch bei der Manipulationsübung überschritten. Die Hunde fühlten sich sehr unwohl, wenn jemand anderes als ihr Halter versuchte, sie mit den Händen in Rückenlage zu bringen. Die Wissenschaftler waren insgesamt jedoch verwundert, dass die Hunde zwischen dem guten Freund des Halters und dem völlig Fremden so wenig Unterschied machten. Vielleicht hängt es damit zusammen, dass die meisten Familienhunde im Kontakt mit vielen Fremden überwiegend positive Erlebnisse haben und diese daher leichter bei Gehorsamsübungen akzeptieren können. Ist dem Hund jedoch etwas so gar nicht geheuer, kommt er zum Halter, um Schutz und Nähe zu suchen. Ein wichtiges Resümee dieser Studie ist, dass das Verhalten und die Motivation von Hunden davon abhängig variiert, ob der Halter anwesend ist oder nicht.

Aus irgendeinem Grund scheinen Hunde im Tierheim Pflegerinnen männlichem Personal vorzuziehen. Sie bellen weniger, gähnen öfter und haben eine entspanntere Körperhaltung in Anwesenheit von Frauen und nähern sich auch lieber Frauen an als Männern. Die neuseeländischen Wissenschaftler Min Hooi Yong und Ted Ruffman vermuten, dass Hunde generell Männern gegenüber wachsamer sind. Sie glauben, dass Hunde konditioniert sind, auf die tiefere und niederfrequentere Stimme von

Männern zu reagieren, weil dies Gefahr signalisieren kann. Hunde senken ja selbst die Tonlage und knurren dumpf, wenn sich etwas Bedrohliches nähert oder ein anderer Hund ihr Futter zu stehlen versucht. Daher glauben die Wissenschaftler, dass Hunde im Allgemeinen defensiver und wachsamer gegenüber fremden Männern reagieren – auf alle Fälle gegenüber Männern, die sie nicht schon länger kennen. In der neuseeländischen Studie sollten 45 Hunden eine weibliche oder männliche Stimme, die mit neutraler Stimme den sinnlosen Satz „Hat sundig pron you venzy" vorlas, Fotos von Frauen und Männern mit neutralem Gesichtsausdruck auf einem Monitor zuordnen. Es zeigte sich, dass die Hunde männliche Stimmen den Männerfotos zuordnen konnten – nicht jedoch die weiblichen Stimmen den Frauenfotos – unabhängig vom Geschlecht und Alter des Hundes. Dies deuteten die Wissenschaftler als Beleg für die Hypothese, dass Hunde tieferen Männerstimmen gegenüber wach- und aufmerksamer sind.

In einer spannenden Studie, die 2016 in der Zeitschrift *Biology Letters* veröffentlicht wurde, zeigt ein Forscherteam um Natalia Albuquerque, dass Hunde verstehen, wie sich Menschen fühlen. Für Sie als Hundehalter ist es sicherlich selbstverständlich, dass Ihr Hund Ihre Gefühle deuten kann, aber in diesem Fall war der Schwierigkeitsgrad wesentlich höher! Die 17 beteiligten Hunde hörten einen fremden Menschen ein einziges Wort in einer ihnen fremden Sprache sagen. Entweder wurde das Wort mit gereizter oder mit freudiger Stimme ausgesprochen. Jeweils ein Mann und eine Frau sprachen das Wort aus, da Hunde Männer und Frauen ja unterschiedlich verstehen. Dann sollten die Hunde für fünf Sekunden versuchen, die gereizte oder freudige Stimme entsprechenden Minen auf Schwarz-Weiß-Fotos zuzuordnen. Die Wissenschaftler filmten die Hunde, und wenn sie ihren Blick längere Zeit auf ein Foto hefteten (freudige Person bei freudiger Stimme bzw. gereizte Person bei gereizter Stimme), deuteten die Wissenschaftler dies als Beleg, dass der Hund einen Zusammenhang sah. Die Hunde bekamen also keine weiteren Hinweise und konnten die Situation nicht aus einem Kontext heraus oder mit Hilfe ihres Geruchssinnes einschätzen. Aber obwohl der Hund nicht alle Sinne einsetzen konnte, ordnete er

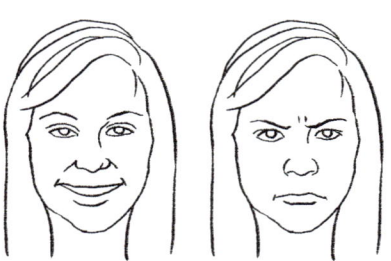

Hunde verstehen unsere Stimmungen ausgezeichnet! Je nachdem, ob ein Wort mit gereizter oder freudiger Stimme ausgesprochen wird, können Hunde dieses Gefühl entsprechenden Mimiken auf Schwarz-Weiß-Fotos zuordnen. Hinter der Leinwand stand ein Lautsprecher, aus dem das Wort ertönte und anschließend erschienen auf der Leinwand für fünf Sekunden zwei Gesichter. Eine Videokamera vor dem Hund dokumentierte, welches der beiden Gesichter der Hund am längsten anschaute.

die Stimmung dem richtigen Gesicht weit öfter korrekt zu, als dass es Zufall hätte sein können. Es spielte dabei keine Rolle, ob eine Frau oder ein Mann das Wort aussprachen. Die Hunde trafen bei beiden Geschlechtern gleich gut ins Volle. Im Gegensatz zu der zuvor erwähnten neuseeländischen Studie gelang es den Hunden also besser, Stimmen dem richtigen Geschlecht zuzuordnen, wenn Gefühle im Spiel waren, als wenn es nur um neutrale Stimmen ging. Diese Studie ist bahnbrechend, da es das erste Mal überhaupt ist, dass Forscher gezeigt haben, dass Tiere menschliche Stimmungen fast so gut verstehen wie wir selbst. Aber wen wundert es, dass gerade Hunde unsere Gefühle nur mit dem Hörsinn erfassen können? Für Hunde ist es nämlich besonders wichtig, uns deuten zu können, da sie den größten Teil ihres Lebens mit Menschen statt mit Artgenossen verbringen.

Genau die gleiche Versuchsanordnung wurde in einem anderen Experiment des gleichen Forscherteams noch einmal genutzt. Hierbei hörten die Versuchshunde Laute eines verspielten und eines aggressiven Hundes. Die Hunde sollten diese Laute Schwarz-Weiß-Fotos von verspielten und wütenden Hunden zuordnen. Natürlich schafften sie diese Aufgabe mit Bravour, sogar noch ein wenig besser als bei den menschlichen Stimmungen.

Hunde führen gemeinsam mit Menschen ein reiches, soziales Leben. Sie studieren sorgfältig unsere Minen, um herauszufinden, was sie in verschiedenen Situationen machen sollen, sie können Frauchen von Herrchen unterscheiden, gute Freunde der Halter von entfernten Bekannten und diese wiederum von völlig Fremden. Sie lesen auch unsere Gefühlswelt aus Gesichtsausdrücken ab. Aber wie funktioniert das Gehirn des Hundes beim Unterscheiden von menschlichen Minen und Gefühlen? Mit Hilfe der funktionellen Magnetresonanztomographie (fMRT)

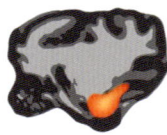

Jetzt können wir „sehen", wie Hunde denken! Durch eine MRT-Untersuchung (oberes Bild) können wir erkennen, dass der Hund wie wir Menschen den Temporallappen nutzt, um sich Menschengesichter zu merken.

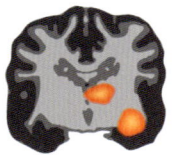

Wurden dem Hund Fotos von Menschengesichtern gezeigt, strömte sauerstoffreiches Blut in den Temporallappen und die höhere Aktivität erscheint deutlich im Hundegehirn, gesehen von vorne (Bild unten, links) und von der Seite (Bild oben, links). Wurden dem Hund Fotos von Alltagsobjekten gezeigt, leuchtete der Temporallappen nicht auf.

können Wissenschaftler sehen, wie das Gehirn arbeitet, während der Hund eine Aufgabe ausführt. Sauerstoffreiches Blut strömt in unterschiedliche Hirnareale, diese scheinen in der Bildgebung dabei „aufzuleuchten". Eine mexikanische Forschergruppe um Laura Cuaya gelang es, sieben Hunden – fünf Border Collies, einem Labrador Retriever und einem Golden Retriever – beizubringen, in der Röhre absolut still zu liegen. Dabei wurden den Hunden 50 Fotos von Menschen mit neutralen Minen sowie 50 Fotos mit unterschiedlichen Alltagsgegenständen gezeigt. Man konnte sehen, dass vor allem der Temporallappen, auch

Schläfenlappen genannt, aufleuchtete, wenn die Hunde die Fotos mit Menschengesichtern ansahen. Hingegen konnte beim Anblick der Alltagsgegenstände keine besondere Hirnaktivität registriert werden. Auch bei Menschen wird der Temporallappen beim Anblick von Gesichtern aktiviert. Dieser Teil des Gehirns reagiert doppelt so stark auf den Anblick von Gesichtern wie bei anderen visuellen Reizen. Mit Hilfe dieser Technik wissen wir also heute, dass Menschen und Hunde hauptsächlich den Temporallappen nutzen, um sich an Gesichter zu erinnern. Diese Forschung steckt noch in den Kinderschuhen und sicherlich wird uns die Technik in der Zukunft noch weiter helfen, zu „sehen", wie Hunde denken!

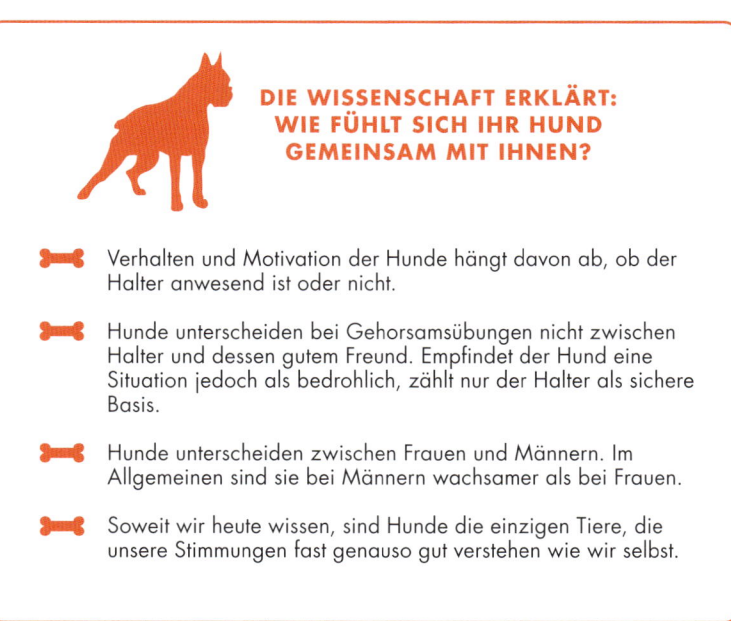

DIE WISSENSCHAFT ERKLÄRT: WIE FÜHLT SICH IHR HUND GEMEINSAM MIT IHNEN?

- Verhalten und Motivation der Hunde hängt davon ab, ob der Halter anwesend ist oder nicht.

- Hunde unterscheiden bei Gehorsamsübungen nicht zwischen Halter und dessen gutem Freund. Empfindet der Hund eine Situation jedoch als bedrohlich, zählt nur der Halter als sichere Basis.

- Hunde unterscheiden zwischen Frauen und Männern. Im Allgemeinen sind sie bei Männern wachsamer als bei Frauen.

- Soweit wir heute wissen, sind Hunde die einzigen Tiere, die unsere Stimmungen fast genauso gut verstehen wie wir selbst.

Assistenz- und Diensthunde

Die Stadt Pompeji wurde im Jahr 79 unserer Zeitrechnung beim Ausbruch des Vesuvs unter Schutt und Asche begraben. Bei Ausgrabungen fanden Archäologen ein Wandbild eines Blinden mit Stock, der von einem Hund geführt wurde. Der allererste Nachweis eines Blindenführhundes! Offenbar werden Menschen mit unterschiedlichen Einschränkungen seit Jahrtausenden von Hunden unterstützt. Aber erst in den letzten hundert Jahren wurden Hunde systematisch für solche Dienste ausgebildet. Seit dem neuen Jahrtausend sind die Aufgabenbereiche der Hunde förmlich explodiert, siehe Tabelle Seite 74.

Assistenzhunde verschaffen Menschen mit unterschiedlichen Einschränkungen mehr Unabhängigkeit. Dadurch sind mehr Sozialkontakte möglich, was gut für Selbstwertgefühl und Selbstvertrauen ist. Während der letzten Jahrzehnte hat sich das Ansehen von Assistenzhunden enorm gesteigert und sie dürfen ihre Halter inzwischen fast überall hin begleiten. In den USA gibt es noch keinen verbindlichen Nachweis über die Qualität der Ausbildung von Assistenzhunden. Und leider sind gerade in den USA einige Vorfälle mit Assistenzhunden vorgekommen, in denen andere Menschen zu Schaden kamen. Die Gesetzgebung ist der Entwicklung ganz einfach nicht hinterhergekommen. Ein Wissenschaftsteam unter Mariko Yamamoto aus Kalifornien beschrieb in einem 2015 in *PLoS ONE* veröffentlichten Artikel die Situation mit Assistenzhunden als „aus dem Ruder gelaufen".

AUFGABENBEREICHE VON Assistenzhunden, Hunden in der tiergestützten Therapie und Diensthunden.

Diensthunde Gebrauchshunde im Dienste von Polizei, Wachschutz, Strafvollzug, Zoll, Militär und Rettungsdienst. Außer Rettungs- und Wachhunden gibt es unter anderem Spezialsuch-, Drogenspür-, Sprengstoffspür- und Nachsuchhunde.

Vielfältige Aufgaben innerhalb des Bundeswehr: Sprengstoff- und Rauschgiftspürhunde der Feldjägertruppe, Minenspürhunde der Pioniere, Zugriffsdiensthunde des KSK, Spezialdiensthunde der Fallschirmjägertruppe und der Objektschutzkräfte der Luftwaffe sowie Kampfmittelspürhunde für das Zentrum Kampfmittelbeseitigung der Bundeswehr. Schutzhunde als Diensthunde – im Polizeihundbereich wird der Hund darauf trainiert, gezielt Menschen zu stellen, im Notfall auch anzugreifen (Zivilschärfe), und auf Befehl des Hundeführers auch ohne Zögern wieder abzulassen.

Rettungshunde – Hunde suchen und zeigen Personen unter Trümmern an, zum Beispiel nach Erdbeben oder Lawinen. Internationale Einsätze bei Großschadenslagen finden unter UN-Mandat statt.

Therapiebegleithunde, die Motivation, emotionales Wohlbefinden und/oder Gesundheit bei Menschen fördern. Hund und Halter unterstützen mit ihrer Arbeit mehrere Personen.

Besuchshunde – Hunde unternehmen „einfache" Besuche und geben Kraft, motivieren, muntern auf und bieten Aktivität und Gesellschaft.

Therapiehunde – Hunde helfen im Rahmen eines medizinischen Handlungsplans und geben Kraft, motivieren, muntern auf und bieten Aktivität und Gesellschaft.

Spezialisierte Therapiebegleithunde – Hunde arbeiten mit Senioren, Demenzkranken und Hirnverletzten.

Lesehunde – Hunde werden in Schulen oder anderen pädagogischen Einrichtungen eingesetzt, um beim Lesenlernen zu helfen. Schulhunde, Hundegestützte Pädagogik oder Patenhunde sind ähnliche Konzepte.

Krebsspürhunde – Hunde sind ausgebildet, Krebs bei Menschen zu erschnüffeln, zum Beispiel anhand von Atemproben (Lungen-, Brustkrebs), Urinproben (Prostatakrebs) oder Gewebeproben (Eierstockkrebs).

Assistenzhunde Hunde, die einem einzelnen Menschen mit bestimmten chronischen Einschränkungen oder Krankheiten ausgefallene oder fehlende Funktionen bestmöglich ersetzen.

Blindenführhunde – zeigen blinden oder sehbehinderten Menschen Hindernisse wie Treppen und Bordsteinkanten oder auch gewünschte Objekte wie Bänke an.

Servicehunde – unterstützen einen Menschen mit körperlichen Einschränkungen und öffnen zum Beispiel Türen, holen das Telefon oder alarmieren im Notfall gar Hilfe.

Signalhunde – unterstützen gehörlose und hörbehinderte Menschen mittels Anzeigen von Umweltgeräuschen (Rauchmelder, Telefon …).

Medizinische Warnhunde – warnen, bevor eine Notsituation eintritt, einen Diabetiker zum Beispiel bei Blutzuckerschwankungen oder einen Epileptiker vor einem Anfall.

In Deutschland gibt es noch keine verbindlichen und anerkannten Standards für die Ausbildung und den Einsatz von Assistenzhunden. Österreich nimmt hingegen eine europäische Vorreiterrolle ein: Es wurde eine Prüf- und Koordinierungsstelle Assistenzhunde zur Durchführung einer verpflichtenden Prüfung eingerichtet. Dazu wurde eine einheitliche Richtlinie herausgegeben, in der die Bezeichnung „Assistenzhund" definiert wird. Diese Regelungen gelten für Blindenführhunde sowie Service- und Signalhunde. In Deutschland haben laut Wikipedia schätzungsweise 1–2% der Blinden einen Führhund. Als besonders geeignet gelten Labrador und Golden Retriever oder Schäferhunde. Warum ist beispielsweise der Labrador Retriever so beliebt als Assistenzhund? Eigentlich sollte nicht eine Rasse an sich geeignet oder ungeeignet sein, sondern individuelle Eigenschaften sollten den Ausschlag geben.

Eine englische Forschergruppe unter Fernanda Ruiz Fadel veröffentlichte 2016 einen spannenden Artikel in *Scientific Reports*, der den Mythos von rassetypischen Eigenschaften und Verhalten widerlegte. Die Wissenschaftler unternahmen ein elegantes Experiment, in dem sie Verhalten bei Labrador Retrievern und Border Collies jeweils aus Arbeits- und Showlinien verglichen. Die Verhaltensweisen der gut tausend Hunde wurden mittels Fragebogen mit der Bezeichnung „dias" (*Dog Impulsivity Assessment Scale*) erfasst, der von den Haltern ausgefüllt wurde. Wie angenommen, verhielten sich innerhalb der Abeitslinien die Border Collies impulsiver als die Labrador Retriever. Bei den Showhunden jedoch gab es keine Verhaltensunterschiede zwischen den Rassen. Die Ergebnisse zeigten auch, dass Verhaltensunterschiede innerhalb einer Rasse – zwischen Arbeits- und Showlinie – größer waren als zwischen den verschiedenen Rassen. Nicht die Rasse an sich bestimmt also, ob sich ein Hund zum Assistenzhund eignet. Die Wissenschaftler empfehlen abschließend (laut meiner eigenen Übersetzung): „Unsere Ergebnisse zeigen, dass man Verhalten nicht an der Hunderasse festmachen kann." Lesen Sie hierzu auch, was im Kapitel „Geruchssinn" über weitere Erkenntnisse steht, die landläufige „Wahrheiten" infrage stellen.

Aber wie soll man dann herausfinden, welches Hundeindividuum sich für welchen Auftrag eignet? Scheinbar sind ja nicht alle Hunderassen gleich für bestimmte Assistenzeinsätze geeignet. Kommen jetzt vielleicht wieder die Persönlichkeitstests für Welpen ins Spiel? Leider scheinen auch diese nicht wirklich zuverlässig zu sein, jedenfalls nicht für Welpen unter zwölf Wochen (siehe auch „Welpentests"). Hingegen scheint es, dass die Tests bei rund halbjährigen Welpen besser zutreffen. Daher untersuchte eine englische Forschergruppe unter Naomi D. Harvey Verhaltensweisen bei Hunden, die erst im Alter von fünf Monaten an einer Ausbildung zum Blindenführhund teilnahmen. Im Alter von acht Monaten wurden die Hunde erneut getestet, um zu sehen, ob sie gleich reagierten. Insgesamt 93 Hunde wurden ausgebildet und die meisten waren Labrador Retriever oder Kreuzungen aus Labrador und Golden Retrievern.

Die Wissenschaftler waren sehr neugierig, ob einige der Tests voraussagen konnten, ob die Hunde die Ausbildung beenden konnten. Von den 93 Hunden durchliefen 61 die gesamte Ausbildung, 22 schieden aufgrund unerwünschter Verhaltensweisen vorzeitig aus. Vier Hunde mussten aus gesundheitlichen Gründen herausgenommen werden und sechs Hunde gingen in die Zucht. Den Wissenschaftlern gelang es, zu 80 Prozent im Alter von fünf Monaten und zu 87 Prozent im Alter von acht Monaten vorauszusagen, welche Hunde vorzeitig ausscheiden würden. In der Tabelle auf der folgenden Seite sehen Sie eine vereinfachte Version der Auswertung. Wenn man bedenkt, dass die Auswertung lediglich 20 Minuten in Anspruch nimmt, ist es die Mühe wert: Eine Grundausbildung kostet weit über 10.000 Euro. Was noch mehr zählt, ist allerdings das Wohlergehen des Hundes. Hunde, für die die Ausbildung Stress bedeutet, sollten lieber Familienhunde werden dürfen.

Anders als die Assistenzhunde sind Hunde in der tiergestützten Therapie nicht für einen bestimmten Menschen ausgebildet.

AUSWERTUNG/TEST	WAS ZEIGT DIE AUSWERTUNG?
Ein Napf mit Würstchen wird in die Nähe des Hundes gestellt. Der Halter ruft den Hund in folgender Reihenfolge: „Komm", „Name des Hundes", „Geh".	Zeigt, wie gut der Hund trotz der Futterversuchung gehorcht.
Der Halter gibt dem Hund das Signal „Platz" – reagiert der Hund beim ersten Versuch? Eine fremde Person gibt dem Hund das gleiche Signal – reagiert der Hund beim zweiten oder dritten Mal?	Zeigt, wie gut der Hund gehorcht.
Ein Handtuch wird auf den Rücken des Hundes gelegt.	Zeigt, wie gut der Hund die Kennweste akzeptiert.
Zwei ausgestopfte Vögel (ein Rotkehlchen und eine Ringeltaube) werden in die Nähe des angeleinten Hundes gelegt.	Zeigt, ob der Hund sich von anderen Tieren ablenken lässt (Angst oder Versuchung).

Bellen, Züngeln oder Schütteln bei einem der Teiltests deuteten auf Angst oder Nervosität des Hundes in einer Konfliktsituation hin.

Es gibt immer mehr Anwendungsgebiete, wie zum Beispiel Therapiehunde, Demenzassistenzhunde, Lesehunde usw. (siehe Tabelle Seite 74). Wenn Hunde in der tiergestützten Therapie eingesetzt werden, treffen sie auf viele fremde Menschen und Situationen, die stressig und beunruhigend sein können. Daher sind die Anforderungen an ein stabiles und zuverlässiges Temperament des Hundes hoch. Sie müssen zulassen, dass sich Fremde mitunter in bedrohlicher Weise nähern, plötzlich schreien und sie ungeschickt anfassen. Auch nach durchlaufener Ausbildung müssen Assistenzhunde und Hunde in der tiergestützten Therapie regelmäßig überprüft werden, ob sich ihr Verhalten beim Älterwerden ändert. Das kann man mit dem TÜV vergleichen: Nach der Erstzulassung muss ein Auto nach 36 Monaten zur Hauptuntersuchung, danach ist der TÜV alle 24 Monate fällig.

Ein italienisches Forscherteam unter Paolo Mongillo nutzte Rollenspiele und Verhaltenstests, um die Eignung von vierzig Therapiebegleithunden und zwanzig Familienhunden für den Einsatz in der tiergestützten Therapie festzustellen. Aufgrund der Ergebnisse wurden die Hunde in drei Gruppen eingeteilt: „geeignet" (TÜV bestanden), „geeignet mit Vorbehalten" (nicht bestanden, Reparatur und Nachprüfung möglich) und „ungeeignet" (Fahrverbot). Der „Hunde-TÜV" zeigte, dass nur drei von vierzig Therapiebegleithunden aus der tiergestützten Therapie ein Fahrverbot bekamen, und dies war den entsprechenden Haltern bereits vorher bewusst. Anders ausgedrückt gibt eine solche jährliche Überprüfung einen guten Hinweis, ob der Hund in den Ruhestand gehen sollte oder nicht. Von den Familienhunden bekamen übrigens 15 von 20 Fahrverbot …

Aber es ist nicht immer leicht, herauszufinden, ob sich ein Hund für bestimmte Aufgaben eignet. Diensthunde bei der Polizei oder dem Militär werden oft stressigen und bedrohlichen Situationen ausgesetzt. Sie müssen mehrere Stunden im Dienst konzentriert und furchtlos agieren. Pernilla Foyer et al. von der schwedischen Universität Linköping haben bei 85 Deutschen Schäferhunden untersucht, in welchen Maße sie während der Ausbildung zum Diensthund beim Militär in vier Testsituationen Angst zeigten. Es wurden sowohl Videoaufzeichnungen von Verhaltenstests detailliert ausgewertet als auch bei 37 Hunden der Kortisolspiegel (Stresshormon) im Speichel vor und nach dem Testen gemessen. Die Wissenschaftler wussten nicht, welche Hunde eine Empfehlung zur Weiterausbildung hatten. Die Schäferhunde, die bestanden hatten, zeigten verblüffenderweise deutlichere Zeichen von Angst und hatten höhere Stresswerte. Auch eine frühere Studie der Forschergruppe zeigte, dass die Schäferhunde, die die Verhaltenstests bestanden hatten, im Anschluss

schwerer zur Ruhe kamen und Hyperaktivität erkennen ließen. Das ist allerdings für einen Diensthund ungünstig, der nach dem Arbeitseinsatz entspannen muss, um wieder fit für den nächsten Einsatz zu werden. Gibt es also einen systematischen Fehler in der Ausbildung von Diensthunden bei den schwedischen Streitkräften? Oder bedeutet das Ergebnis eher, dass Hunde mit größerem Gefühlsrepertoire „geballter drauf sind" und daher die Ausbildung besser schaffen? Mit großer Wahrscheinlichkeit wird die Forschergruppe in Linköping in naher Zukunft hierauf eine Antwort haben.

Menschen mit der neuropsychiatrischen Krankheit Autismus sind oft überfordert, viele Informationen auf einmal aufzunehmen, soziale Kontakte zu pflegen und zu kommunizieren. Rituale und stereotype Verhalten wirken in der Regel beruhigend. Manche Autisten haben Sonderbegabungen, in denen sie unschlagbar sind. Zwei Studien aus England haben untersucht, inwieweit Hunde Autisten helfen können, einen geregelten Alltag zu bekommen. Es gibt zwar ausgebildete Servicehunde für Autisten, aber in diesen Studien wurden keine hierfür speziell ausgebildeten Hunde eingesetzt. Stattdessen betrachtete die eine Studie den Effekt eines Therapiehundes auf drei Studenten mit Autismus und die zweite Studie den Effekt von Familienhunden auf Kinder mit Autismus. Alle drei Studenten hatten öfter wichtige Interaktionen mit dem Dozenten, nachdem der Hund in ihr Leben getreten war, und stereotype Verhaltensweisen nahmen ab. Die Wissenschaftler zogen daraus den Schluss, dass Therapiehunde Studenten mit Autismus motivieren, ihrer Umwelt gegenüber aufgeschlossener zu sein, und so ihre sozialen Beziehungen stärken. Die andere englische Studie ergab, dass selbst Familienhunde dazu beitragen können, das Sozialleben autistischer Kinder zu bereichern. Richtig augenfällig wurde das Ergebnis, wenn die Eltern an von PAWS

(*Dogs for Good Parents Autism Workshops*) organisierten Workshops teilgenommen hatten und die Familie einen Hund erst anschaffte, wenn ihr autistisches Kind acht Jahre alt war.

Am Ende möchte ich noch von pfiffigen technischen Spielereien à la *Mission Impossible* berichten, die für Hunde im Dienst des Menschen entwickelt werden. Es geht um das Projekt FIDO – *Facilitating Interactions for Dogs with Occupations*: Man hat eine Weste für den Hund mit unterschiedlichen Sensoren zur vereinfachten Kommunikation zwischen Hund und Halter bzw. Helfer entwickelt. Der alarmierende Servicehund kann bei einem epileptischen Anfall seines Halters mit Hilfe der Weste den Notruf 112 auslösen oder direkt auf dem Display der Weste anzeigen, dass ein Rauchmelder ausgelöst hat. Der Rettungshund kann die GPS-Koordinaten an das Smartphone des Hundeführers senden, sobald er die gesuchte Person gefunden hat. Es gibt unendlich viele Möglichkeiten! Nicht die Lernfähigkeit der Hunde ist der limitierende Faktor, sondern wie klein, robust und energiesparend die Sensoren in der Weste hergestellt werden können. Die Entwicklung steckt noch in den Kinderschuhen, aber FIDO zeigt, dass solche Westen durchaus keine Science Fiction sind!

Technologische Fortschritte ermöglichen Assistenzhunden die Anwendung einer Weste mit Sensoren für eine bessere Kommunikation mit uns, indem sie zum Beispiel die 112 alarmieren, wenn ihr Halter einen epileptischen Anfall bekommt.

DIE WISSENSCHAFT ERKLÄRT:
ASSISTENZ- UND DIENSTHUNDE

- Seit dem Jahr 2000 sind die Aufgabenbereiche der Hunde förmlich explodiert.

- Grob gesehen teilt man Arbeitsbereiche von Hunden ein in Assistenzdienste für Menschen mit Einschränkungen, tiergestützte Therapien und Diensthundewesen. Siehe Definitionen und Beispiele in der Tabelle auf Seite 74.

- Nicht die Hunderasse ist ausschlaggebend für die Eignung des Hundes für bestimmte Aufgaben. Die individuellen Eigenschaften sind entscheidend.

- Aufgrund einiger weniger Verhaltensexperimente lässt sich bestimmen, welche Hunde geeignet sind, die Ausbildung zum Blindenführhund abzuschließen.

- Hunde aus der tiergestützten Therapie und Assistenzhunde sollten jährlich auf ihre Tauglichkeit überprüft werden, um zu beurteilen, ob sie in den Ruhestand gehen müssen oder nicht.

- Service- und Signalhunde sind durchschnittlich acht Jahre im Dienst.

- Einen Assistenzhund im Dienst oder in Ausbildung erkennt man an seiner Kenndecke oder seinem speziellen Führgeschirr.

- Therapiehunde können für an Alzheimer Erkrankte und Autisten eine Brückenfunktion zur Umwelt ausüben und das soziale Leben bereichern.

Gassigehen fördert die Gesundheit

Uns fehlen oft Zeit und Muße, wenn der Hund ausgiebig schnüffeln oder noch einmal sein Bein heben will. Stattdessen ziehen wir ungeduldig an der Leine und drängeln zum Weitergehen. Aber vielleicht lassen sich ja Bewegung für Hund und Mensch unter einen Hut bringen? Dieser Gedanke beschäftigt in letzter Zeit viele wissenschaftliche Studien. Denn beide Partner leiden infolge Übergewichts immer häufiger an Wohlstandskrankheiten.

Die allermeisten wissenschaftlichen Studien der letzten Jahre zielen auf die Benefits der Hundegänge für die Halter. Eine jüngst veröffentlichte Studie zeigte hingegen, dass Hunde, die häufig rauskommen, auf plötzliche Geräusche gelassener reagieren (siehe „Furcht, Unruhe und Angst"). Ob Spaziergänge die psychische Gesundheit von Hunden genauso stärken und Angst entgegenwirken, wie depressive Menschen von täglicher Bewegung profitieren? Eine weitere Studie aus England zeigte, dass übergewichtige Hunde in der Regel weniger Bewegung bekamen als normalgewichtige, da sie weniger beweglich und verspielt waren (siehe „Übergewicht und Fettleibigkeit"). Ein solcher Teufelskreis lässt sich nur schwer durchbrechen. Das schwedische Landwirtschaftsministerium empfiehlt, seinen Hund mindestens alle sieben Stunden tagsüber rauszuführen, Welpen und ältere Hunde öfter. Es wird jedoch nicht erwähnt, wie lange diese Runden dauern sollten. Ist es besser, mehrere und dafür

kurze Gänge zu unternehmen als wenige lange? Kann ich meinen Hund überfordern? Wie lange Gänge schafft ein Welpe oder ein alter Hund? Hier gibt es noch viel zu erforschen, um Hundehaltern wichtige Ratschläge zu liefern.

Andere Länder, andere Sitten – das gilt auch bei Hundegängen. In den USA ist es üblich, Hunde in speziellen Hundeparks frei laufen zu lassen. Die Hunde bekommen dabei ihre Bewegung, ihre Halter jedoch nicht annähernd so viel. In Europa findet man solche Parks eher selten. Eine englische Forschergruppe unter Carri Westgarth führte jüngst Befragungen mit Menschen aus 260 Hundehaushalten in Cheshire bei Liverpool durch. Knapp 80 Prozent der Hundehalter unternahm mindestens einmal täglich einen Hundegang, der in der Regel zwischen 15 Minuten und einer Stunde dauerte. Woran lag es, ob Hunde täglich rauskamen oder nicht? Handelte es sich um einen Mehrhundehaushalt oder gab es mehrere Haushaltsmitglieder, bestand eher die Gefahr, dass Hunde nicht täglich rauskamen. Die Wissenschaftler glauben, dass mehrere Hunde beim Gang schwieriger zu managen sind und es daher nicht so viel Spaß macht, mit ihnen rauszugehen. Eine andere Erklärung wäre, dass die Halter annahmen, dass die Hunde sich ja gegenseitig haben und keine weiteren Hundekontakte brauchen. Familien mit Kindern scheinen ebenfalls nicht so oft Hundegänge einbauen zu können wie Alleinstehende oder kinderlose Paare. Das wichtigste Ergebnis dieser Studie war jedoch, dass die Bindung zwischen Halter und Hund entscheidend dafür war, wie oft Gänge unternommen wurden. Hingegen wurden die Hunde umso seltener täglich rausgeführt, wenn sie jemanden im Haushalt oft anknurrten.

Rentner haben gute Gründe, sich einen Hund zuzulegen. Insbesondere Alleinstehende können im Hund einen lieben Freund gewinnen, ihre soziale Isolation damit durchbrechen, herauskommen und Menschen kennenlernen. Nicht zu vergessen, dass mehr Bewegung in den Alltag kommt. Bewegungsmangel erhöht das Risiko für Herz-Kreislaufkrankheiten und vorzeitigen Tod. In den USA wird Rentnern von den Gesundheitsbehörden empfohlen, sich mindestens 150 Minuten pro Woche körperlich moderat zu betätigen. Aktuell kommt gerade einmal die Hälfte der Rentner in den USA auf dieses Pensum. Eine Studie, veröffentlicht in *Preventive Medicine* von David Garcia et al., verglich Bewegungsgewohnheiten bei Hundehaltern und Nichthundehaltern unter 150.000 Frauen über 60 Jahren in den USA. Nicht verwunderlich erreichten mehr Hundehalter als Nichthundehalter die Richtlinie von 150 Minuten Bewegung pro Woche, insbesondere alleinstehende ältere Frauen gingen mehr mit dem Hund raus. Überraschender hingegen war, dass Hundehalter langsamer unterwegs waren als Nichthundehalter. Vielleicht befürchteten sie zu fallen, wenn der Hund an der Leine zog oder sie warteten öfter auf ihren beschäftigten Hund oder sie erzählten mit anderen Hundehaltern.

Eine andere Gruppe, die mehr Bewegung nötig hat, sind Jugendliche. Viele Eltern waren 2016 freudig überrascht über den neuen Bewegungsdrang ihrer Teenager: Pokémon Go war des Rätsels Lösung, ein Spiel, bei dem man auf dem Smartphone virtuelle Figuren in der „wirklichen Welt" einfängt. Es ist allerdings zu befürchten, dass das Spiel eine Eintagsfliege ist. Könnten jedoch Hundegänge Jugendliche zu regelmäßiger Bewegung anspornen? Der Vergleich mit Pokémon Go ist nicht so weithergeholt, wie es zunächst scheint. Eine Studie mit knapp tausend Jugendlichen (zwischen 12 und 17 Jahren) in den USA zeigte, dass die Jugendlichen umso öfter mit dem Hund hinausgingen, je mehr Mobilgeräte wie Smartphones sie besaßen!

Über die Ursache lässt sich nur spekulieren, aber denkbar ist, dass Hundegänge cooler und sicherer empfunden werden mit dem Smartphone in der Tasche. Lag eine „spaziertaugliche" Grünanlage in der Nähe, gingen sie auch öfter mit dem Hund

raus. Gleiches hat man in Schweden herausgefunden: Eine Grünanlage muss näher als dreihundert Meter von der Wohnung entfernt liegen, um regelmäßig aufgesucht zu werden. Jugendliche mit Hund hatten knapp fünf Minuten mehr moderate Bewegung pro Woche als Jugendliche ohne Hund. Keine dramatischen Unterschiede also. Entsprechend unterschied sich auch der *Body Mass Index* – Gewicht in Relation zur Größe – nicht zwischen den Gruppen.

Für mehr Spaß auf den Hundegängen empfiehlt es sich, sich mit anderen Hundehaltern zu verabreden. Wenn es Ihnen Spaß macht, gehen Sie vielleicht auch länger und öfter? Eine amerikanische Forschergruppe unter Kristin Schneider untersuchte, ob MeetUp – eine soziale App, um Gleichgesinnte in der Umgebung zu finden – dazu beiträgt, dass Hundehalter mehr Schritte gehen als Hundehalter, die monatlich vom Verein *American Heart Association* eine Mail erhalten, wie sie ihre körperliche Aktivität steigern können. Anhand von Schrittzählern wurde ausgewertet, dass beide Gruppen mehr gingen als vor Versuchsbeginn. Diejenigen, die MeetUp nutzten, gingen im Schnitt 500 Schritte mehr als die Gruppe, die nur Informationen und Ratschläge bekamen, ein eher kleiner, statistisch nicht signifikanter Unterschied. Allerdings hatten diejenigen, die MeetUp nutzten, mehr Spaß als vorher auf den Hunderunden. Nach Beendigung des sechsmonatigen Versuchs blieben die Teilnehmer aus eigenem Antrieb bei MeetUp – ein gutes Zeugnis mit anderen Worten. Das Resümee dieser Studie: Es reicht nicht unbedingt, Gesundheitsinformationen nur zu lesen. Um wirklich etwas zu verändern, müssen wir Spaß an der Sache haben. Hier können soziale Medien wie Facebook, MeetUp und MyGassi helfen, Gleichgesinnte zum Hundegang zu treffen.

DIE WISSENSCHAFT ERKLÄRT: GASSI GEHEN FÖRDERT DIE GESUNDHEIT

- Hunde sollten mehrmals täglich einen Gang bekommen.

- Je besser die Bindung zwischen Halter und Hund, desto eher die Wahrscheinlichkeit, dass der Hund öfter rauskommt.

- Rentner und Jugendliche mit Hund sind körperlich etwas aktiver als ihre Altersgenossen ohne Hund.

- Hundegänge sind länger und häufiger, wenn der Halter Spaß auf den Gängen hat, zum Beispiel in Gesellschaft anderer Hundefreunde.

Guter Kontakt
mit Ihrem Hund

Die Fähigkeit der Hunde, uns Menschen zu
verstehen, ist wirklich fantastisch! Sie sind uns
gegenüber außerordentlich feinfühlig und verstehen
sowohl gesprochene Signale als auch unsere
Körpersprache. In diesem Kapitel erfahren Sie die
allerneuesten Forschungsergebnisse zur Bedeutung
des Augenkontakts und wie Hunde eigentlich unsere
Gestik deuten. Wir decken auch auf, was Hunde
motiviert, Ihnen zu gehorchen.

Der feinfühlige Hund

Im Gespräch sind Körpersprache und Tonfall für den Adressaten wichtiger als die Worte selbst. Das kommt Ihnen sicherlich bekannt vor? Das gilt jedoch nur für einen Teil der Kommunikation. Anlass für diese Maxime war ein Experiment des amerikanischen Psychologen Albert Mehrabian in den 1950er Jahren. Ein Sprecher erhielt die Anweisung, mit Worten von ganz anderen Gefühlen zu erzählen, als Körpersprache und Tonfall vermittelten. In dieser speziellen Situation, in der offensichtlich Lügen erzählt wurden, vertrauten die Empfänger hauptsächlich der Körpersprache und am wenigsten den Inhalten der Worte. Aber daraus abzuleiten, dass der Großteil der Kommunikation nonverbal verläuft, ist gelinde gesagt gewagt. Aber vielleicht trifft dies ja eher auf die Kommunikation zwischen Hund und Mensch zu? Die jüngsten Forschungen zeigen nämlich, dass Hunde gerade auf unsere Körpersprache ausgesprochen feinfühlig reagieren.

„Wir brauchen unsere Kinder nicht erziehen, sie machen uns sowieso alles nach", ist ein Zitat Karl Valentins, das auch für die Hundeerziehung gilt. *Do As I Do* (DAID) oder „mach's mir nach" auf Deutsch. Das soziale Lernen durch Nachahmung fußt auf der These, dass der Hund das Tun des Menschen imitieren möchte, und entsprechend kann man gewünschtes Verhalten bei Hunden formen. Die beiden ungarischen Forscher Claudia Fugazza und Ádam Miklósi werteten in einem in *Applied Animal Behaviour Science* erschienenen Artikel aus, wie effektiv diese Methode ist verglichen mit dem traditionellen

Klickertraining, bei dem mittels Klicker spontanes Verhalten des Hundes in eine gewünschte Richtung gelenkt wird. Wenn der Hund „etwas richtig macht", gibt es einen Klick und anschließend ein Leckerchen als Bestärkung. Durch Versuch und Irrtum lernt der Hund schrittweise immer schwerere Aufgaben innerhalb eines Traningsplans. Im Unterschied zum Klickertraining baut die DAID-Methode stattdessen auf das Bedürfnis des Hundes, den Menschen zu spiegeln. Der Trainer macht etwas vor und dann soll der Hund auf das Signal „Do it!" die Bewegungen nachahmen. Auch hier gibt es für Richtigmachen eine Belohnung. Die ungarischen Forscher ließen in zwei Versuchen die Effizienz der Methoden testen: (1) Eine Schranktür, die einen Spalt aufstand, ganz öffnen und (2) aus einer stehenden Position heraus die Vorderpfoten in die Luft heben. Keiner der insgesamt 38 Hunde hatte etwas in der Richtung bereits früher einmal gemacht, aber die Nachahmungsmethode erwies sich als deutlich effektiver, da es mehr Hunde schafften, die Aufgabe fünf Mal innerhalb von 30 Minuten auszuführen. Die Hunde mit der DAID-Methode hatten es auch schneller raus, die beiden Aufgaben korrekt auszuführen.

Die Hunde der „Klickergruppe" bzw. der „Nachahmungsgruppe", die erfolgreich gewesen waren, nahmen an einem Folgeexperiment teil. Zuerst mussten die Hunde lernen, die Aufgabe mit einem bislang unbekannten Wortsignal zu verknüpfen. Anschließend gab es eine 24-stündige Pause und dann mussten die Hunde ihre neuen Fertigkeiten in anderem Setting ausführen – draußen statt drinnen bzw. umgekehrt. Die Klickerhunde waren allesamt nicht in der Lage, die Aufgabe im neuen Setting zu bewältigen, während fast alle Nachahmungshunde das schafften. Offenbar funktioniert die

Methode „Mach's wie ich" ausgezeichnet im Hundetraining. Noch bemerkenswerter ist, dass die Hunde das neue Verhalten generalisieren können.

Ein französisches Forscherteam um Charlotte Duranton untersuchte, ob Hunde das Verhalten ihres Halters auch im Alltag spiegeln, ohne dass Signale gegeben werden müssen. In dem 2016 in *Animal Behaviour* publizierten Experiment wurden 36 Mastiffs und 36 Hütehunde getestet. In beiden Gruppen waren gleich viele Hündinnen und Rüden. Ein unangeleinter Hund durfte sich mit seinem Halter in einem Versuchsraum zehn Minuten lang umsehen. Dann kam eine für beide unbekannte Frau hinein, die nur den Halter anschaute. Die Unbekannte hatte die Anweisung, auf Hund und Halter zuzugehen. Der Halter wiederum sollte entweder drei Schritte auf die Frau zugehen, drei Schritte zurückweichen oder an der Stelle verharren. Während des ganzen Experimentes guckte der Halter nur auf die Frau, schwieg und war ohne Gefühlsregung. Das Verhalten des Hundes wurde während des zweiminütigen Experimentes gefilmt und anschließend sorgfältig ausgewertet. Es zeigte sich, dass die Hunde ihr Verhalten an das des Halters anpassten. Sobald die Fremde in den Raum kam, guckte der Hund zwischen Halter und Frau hin und her. Offenbar suchte der Hund nach einem Hinweis, wie er sich verhalten solle. Wich der Halter zurück, reagierte der Hund der Frau gegenüber skeptischer und suchte näheren Kontakt zum Halter, um Unterstützung oder Rat einzuholen, was zu tun sei. Und umgekehrt: Ging der Halter auf die Frau zu, wurde der Hund mutiger und knüpfte schneller Kontakt zur unbekannten Frau. Hündinnen suchten eher Kontakt zum Halter als Rüden, um in dieser neuen Situation Rat zu holen. Die Mastiffs erwiesen sich als selbstständiger als die Hütehunde und gingen öfter auf die fremde Frau zu. Insgesamt zeigen die Ergebnisse, dass unsere Hunde uns in für sie unsicheren Situationen nachahmen und unser Verhalten spiegeln, auch, ohne es gelernt zu haben. Sie können es das nächste Mal selbst ausprobieren, wenn Sie mit Ihrem Hund rausgehen und einen Fremden treffen. Können Sie Ihren Hund dazu bewegen, zurückzuweichen oder vorzugehen zu der fremden Person, ohne den Hund anzusehen oder mit ihm zu sprechen?

Es ist zwar unhöflich, aber durch Belauschen anderer erfährt man einiges, was vor sich geht. Aber „belauschen" wohl auch Hunde unsere Gespräche mit anderen Menschen – und reagieren sie in diesem Fall unterschiedlich, je nachdem, ob man uns nett oder unfreundlich begegnet? Mehrere Wissenschaftler haben versucht, diese Frage zu beantworten und in den meisten Fällen spielte in den Experimenten Futter eine Rolle. Der Hund hatte die Chance, zu mehr Futter zu kommen, nachdem er einem Gespräch zwischen Menschen gelauscht hatte. Und wie Sie bereits in den vorangegangenen Kapiteln erfahren haben, verleiht die Aussicht auf Futter Hunden gleichsam Flügel. Eine japanische Forschergruppe unter Hitomi Chijiiwa unternahm ein ausgeklügeltes Experiment hierzu. Die Hunde konnten hierbei nicht auf mehr Futter hoffen egal, wie sie sich verhielten – siehe Grafik auf der folgenden Seite. Der Hundehalter versuchte den Deckel einer durchsichtigen Dose zu öffnen, um an eine Rolle Klebeband zu kommen. Bat der Halter jemanden ausdrücklich um Hilfe und dieser wies ihn ab, hatte der Hund für diese Person nichts übrig. Dagegen machte der Hund keinen Unterschied zwischen hilfsbereiten und neutralen Personen.

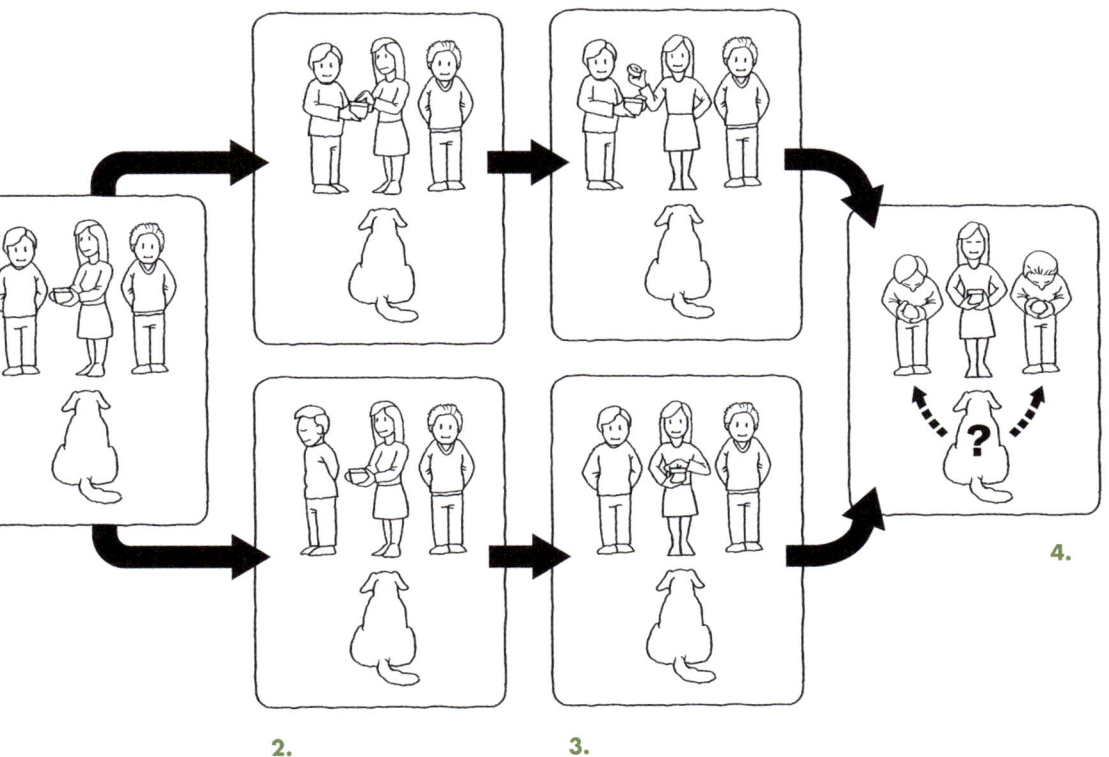

2. **3.** **4.**

Eine japanische Forschergruppe unternahm ein ausgeklügeltes Experiment, das aufdeckte, dass Hunde „belauschen", ob sich jemand dem Halter gegenüber unfreundlich verhält und geht demjenigen fortan aus dem Weg.

1. Die Hundehalterin steht in der Mitte, rechts von ihr steht ein Schauspieler und links von ihr eine neutrale Person.

2. Die Halterin versucht den Deckel einer Dose zu öffnen, in der sich eine Rolle Klebeband befindet. Sie bittet den Schauspieler um Hilfe, der entweder hilft (obere Reihe) oder sich weigert und ihr demonstrativ den Rücken zuwendet (untere Reihe).

3. Die Halterin kommt nur ans Klebeband, wenn sie Hilfe vom Schauspieler erhält.

4. Anschließend durfte der Hund aussuchen, Futter vom Schauspieler oder der neutralen Person zu nehmen, während alle drei Menschen Augenkontakt mit dem Hund vermieden. Es zeigte sich, dass der Hund von der nicht hilfsberei-ten Person kein Futter nahm. Es gab dagegen keinen Unterschied zwischen der hilfsbereiten und der neutralen Person.

Dieses Experiment zeigt das Ausmaß der sozialen Kompetenz von Hunden und dass die Aussicht auf Futter nicht unbedingt ausschlaggebend für ihre Einstellung zu fremden Menschen ist. Kann es vielleicht sogar sein, dass Ihr Hund mehr Nuancen im Zwischenmenschlichen sieht als Sie selbst?

Eine neuseeländische Studie von Min Hooi Yong und Ted Ruffman zeigt, dass Hunde sich ungemein anstrengen, um unser Verhalten zu verstehen. Hunde schauen uns länger an, wenn sie unsicher sind, wie wir eine Situation bewerten. Ebenso ist wissenschaftlich belegt, dass ein Kind, das die Gefühle eines Erwachsenen nicht einschätzen kann, sein Gesicht länger mustert, um Hinweise zu erhalten, was Sache ist. Hunde folgen Signalen von Menschen weitaus mehr als sie Signalen anderer Hunde folgen. Eine ungarische Forschergruppe unter Anna Bálint bestätigte dies durch ein Videoexperiment, in dem gezeigt wird, dass Hunde von Objekten Abstand nehmen, wenn ein auf einem Bildschirm erscheinender Hund das gleiche Objekt anstarrt. Der gleiche Hund wird jedoch von dem Objekt angezogen, wenn ein auf dem Bildschirm erscheinender Mensch das Objekt anblickt. Es ist unzweifelhaft belegt, dass Hunde unsere Signale verstehen und ihnen folgen, wenn wir auf eines von zwei Objekten zeigen oder dieses auch nur anschauen (siehe „Gestik"). Sie vertrauen uns und wissen, dass wir ihnen zugetan sind. Aber nach wie vor ist unklar, warum Hunde Objekten ausweichen, wenn andere Hunde darauf starren.

Bislang habe ich mich in diesem Abschnitt darauf konzentriert, Forschungsergebnisse über bewusste oder unbewusste Signale, die wir durch unsere Körpersprache senden, zusammenzufassen. Für Hunde ist Körpersprache wichtig. Aber wie bekannt lassen sich Hunde auch ausbilden, einfachen Wortsignalen wie „Fuß", „Bleib",

„Steh", „Lieg", „Platz", „Sitz" und so weiter zu folgen. Mit Hilfe von verbaler Kommunikation kann man einfach nur netten Umgang mit seinem Hund pflegen oder für eine Obedienceprüfung üben. Egal in welcher Absicht ist verbale Kommunikation in Form von Wortsignalen, an die Übungen geknüpft sind, eine gute Art, den Hund zu aktivieren und mit ihm zu spielen. Hin und wieder verstärken wir die Botschaft unserer Wortsignale durch unterschiedliche Handbewegungen. Aber bekommt man seinen Hund auch dazu, dem Wortsignal zu folgen, wenn man etwas voneinander entfernt steht? Ober wenn man sogar außer Sicht des Hundes ist? Und was eigentlich bringt den Hund dazu, den Wortsignalen zu folgen?

Eine ungarische Forschergruppe unter Linda Gerencsér hat verglichen, wie gut dreißig Familienhunde die beiden Wortsignale „Sitz" und „Platz" befolgen, wenn der Halter einen halben Meter bzw. drei Meter entfernt steht. Es kam heraus, dass die Hunde die Signale merkbar schlechter befolgten, wenn der Halter drei Meter weit weg war. Ob der Halter dabei für den Hund zu sehen, versteckt hinter einem Schirm oder außerhalb des Raumes war, spielte dabei keine Rolle. Der Abstand alleine zählte. Hingegen fiel der Abstand nicht mehr ins Gewicht, wenn die Hunde von einem ferngesteuerten Futterautomaten statt vom Halter direkt eine Belohnung erhielten. Der Futterautomat stand immer einen halben Meter vom Hund entfernt und wurde nicht im Raum bewegt. Was sagt uns dieses Ergebnis? Dass Hunde einfache Signale nur so lange befolgen, wie es sicher ist, dass ihre Belohnung direkt im Anschluss kommt sowie dass sie besser gehorchen, wenn der Halter in der Nähe ist? Es scheint so, dass eine gut funktionierende Interaktion zwischen Mensch und Hund entweder von Belohnung in Form von Leckerchen und/oder physischer Nähe zwischen den beiden abhängt. Im Unterschied zur ungarischen Studie fand eine japanische Forschergruppe heraus, dass Hunde tatsächlich schlechter gehorchten, wenn der Halter ganz oder teilweise verborgen stand. Aber noch weiß die Wissenschaft nicht endgültig, was Hunde bewegt, Signalen zu folgen. Sie können es selbst zu Hause testen: Wie

gut folgt Ihr Hund verschiedenen Signalen, wenn diese Dreieinigkeit aus Nähe-Augenkontakt-Belohnung Lücken aufweist?

Im Hundesport Agility müssen Hund und Halter gemeinsam einen Hindernisparcours so schnell und gut wie möglich absolvieren. Hierfür müssen Hund und Halter gegenseitig ihre Signale genau verstehen, damit das Zusammenspiel klappt. Hund und Halter sollen miteinander eine gute Zeit haben. Allerdings kann es passieren, dass sich beide von der Wettkampfssituation so mitreißen lassen, dass sich ein gewisser Stresspegel aufbaut. Wird der Hund mitgezogen, wenn der Halter während des Wettkampfes gestresst ist? Die Kommunikation zwischen Halter und Hund sollte erleichtert werden, wenn beide gleichzeitig „auf Tour" sind. Ein desinteressierter Hund und ein engagierter Halter werden es nicht weit bringen. Eine kürzlich veröffentlichte amerikanische Studie von Alicia Phillips Buttner et al. zeigt, dass das Stressniveau bei Hund und Halter tatsächlich vor und nach einem Agilityturnier gleich ist. Dieses Ergebnis hatte nicht damit zu tun, dass der Halter den Hund nach dem Turnier bestärkte (Lob) oder negativ bestärkte (Strafe). Speichelproben zeigten, dass das Stresshormom Kortisol abhängig vom Stressniveau des Halters im Verlauf des Turniers anstieg. Dies ist de facto das erste Mal überhaupt, dass eine Synchronisierung der Hormonlevel zwischen zwei verschiedenen Arten wissenschaftlich nachgewiesen wurde. Im Kapitel „Augenkontakt" werden Sie erfahren, dass sich auch das Glückshormon Oxytocin bei Hund und Halter angleicht. Je mehr die Wissenschaft in die physiologischen Reaktionen im Zusammenspiel zwischen Hund und Mensch eintaucht, desto mehr wird klar, welchen einzigartigen Stellenwert Hunde in unserem Leben haben. Der Ausdruck „der beste Freund des Menschen" trifft den Nagel offensichtlich auf den Kopf!

DIE WISSENSCHAFT ERKLÄRT:
DER FEINFÜHLIGE HUND

- Hunde lesen die menschliche Körpersprache ausgesprochen feinfühlig.

- Training durch Nachahmung (*Do As I Do*) scheint eine schnellere und effektivere Methode zu sein als das herkömmliche Klickertraining.

- Auch ohne Anlernen spiegeln Hunde unser Verhalten, zum Beispiel, wenn wir beim Hundegang Fremde treffen.

- Hunde „belauschen", ob sich jemand gegenüber ihrem Halter unfreundlich verhält und ziehen hilfsbereite nicht hilfsbereiten Personen vor.

- Hunde befolgen Wortsignale besser, wenn ihr Halter in der Nähe ist und Augenkontakt mit dem Hund hält sowie wenn sie anschließend ein Leckerchen bekommen.

- Die Stresspegel gleichen sich bei Hund und Halter während des gemeinsamen Agilityturniers an.

Zeigegesten

Mit dem Finger zeigen ist unhöflich – allerdings nicht in der Hundeforschung! Wissenschafter nehmen zum Zeigen ihre Finger, Hände, Arme und sogar Beine ... Ein ganz üblicher Test, um herauszufinden, ob Hunde unsere Gesten verstehen, läuft so ab, dass ein Wissenschaftler kurz auf eines von zwei Objekten in der Nähe des Hundes zeigt. Anschließend darf der Hund frei wählen, und wenn er dabei den Gesten des Wissenschaftlers folgt, wartet in der Regel eine kleine Belohnung. Hunde meistern diese Art Spiel wirklich phänomenal und ihre Intelligenz entspricht hierbei durchaus der eines zweijährigen Kindes. Hunde scheinen unsere durch Gesten ausgedrückten Absichten zu verstehen, auch, wenn es nur Körpersprache ist. Während des vergangenen Jahres wurden mehrere spannende Artikel veröffentlicht, die detailliert zu erklären versuchen, was in Hunden vor sich geht, wenn sie unseren Gesten folgen.

In einem 2015 im *Journal of Comparative Pscyhology* erschienenen Artikel untersuchten Tibor Tauzin et al. aus Ungarn, ob Hunde unsere Gesten als Richtungsangabe deuten oder als Anweisung verstehen, dass wir ein bestimmtes Objekt untersucht haben möchten. Die Wissenschaftler führten dazu mit Hilfe von 59 Hunden aus 14 unterschiedlichen Rassen ein einfaches, aber raffiniertes Experiment durch. Neben einem Wissenschaftler lagen jeweils 75 cm entfernt links ein Plüschkänguruh und rechts ein Plüschschwein. Wenn der Hund mit seinem Halter in den Raum trat, rief der Wissenschaftler den Hund bei seinem Namen, zum Beispiel „Guck, Molly!", und sobald Augenkontakt

mit dem Hund bestand, zeigte der Wissenschaftler mit gestreck-
tem Zeigefinger eine Sekunde lang auf eines der Tiere. Anschließend beugte er sich herunter, hob beide Plüschtiere auf
und wandte sich langsam vollständig ab. Mit dem Rücken zum
Hund gewandt legte er dann die Tiere (die inzwischen die Seiten getauscht hatten) wieder auf den Boden und ließ die Arme
entspannt herunterhängen. Nun ließ der Halter den Hund mit
dem Signal „Bring her!" von der Leine, ohne jedoch auf etwas
zu zeigen. Dieser Versuch wurde mehrere Male mit unterschiedlichen Plüschtieren wiederholt. Die Hunde kamen auch auch von
der entgegengesetzten Seite des Raumes aus herein. Das Ergebnis war eindeutig: Die Hunde gingen zu der Stelle, auf die der
Wissenschaftler gezeigt hatte und nicht zu dem Plüschtier selbst,
auf das gezeigt worden war. Die Wissenschaftler kamen also zu
dem Resümee, dass Hunde unsere Gesten eher als Richtungsangabe deuten denn als Hinweis auf ein interessantes Objekt. Bei
einer weiteren Wiederholung des Versuchs wurde der Schwierigkeitsgrad angezogen. Nun hatte der Wissenschaftler eine Son-
nenbrille auf und guckte fortwährend auf den Boden. Er redete

1. Der Forscher hat rechts von sich ein Plüschkänguruh und links von sich ein Plüschschwein.

2. Der Wissenschaftler ruft den Hund und zeigt bei Augenkontakt mit dem Zeigefinger auf das Plüschschwein.

nicht mit dem Hund, sondern klatschte kurz in die Hände, um ihn aufmerksam zu machen. Ansonsten lief der Versuch wie zuvor ab. Jetzt zeigten die Hunde keinerlei Präferenz, sondern entschieden willkürlich, wo sie hingingen. Es scheint also, als ob ein weiteres, auslösendes Signal notwendig ist – wie Augenkontakt und das Rufen des Hundenamens – damit der Hund unsere Absicht versteht. Wahrscheinlich haben diese Hunde in jungen Jahren gelernt, dass ihre Halter etwas von ihnen möchten, wenn sie Augenkontakt suchen und sie beim Namen rufen. Und dass vielleicht sogar etwas Leckeres als Dank für die Hilfe in Aussicht steht.

Richard Moore et al. wollten herausfinden, ob die Absichtserklärung selbst in Form von Stimmlage, Augenkontakt und Körpersprache wichtig ist, damit der Hund versteht, was wir wollen. Ein begeistert und fröhlich ausgesprochenes „Lass uns spielen" sollte den Hund wohl die Ohren spitzen und in den Startlöchern stehen lassen? Anders auf jeden Fall, als wenn der Halter beiläufig und passiv fragt: „Willst Du spielen?", ohne ihm in die Augen zu gucken. Und verstehen Kinder besser als Hunde, was

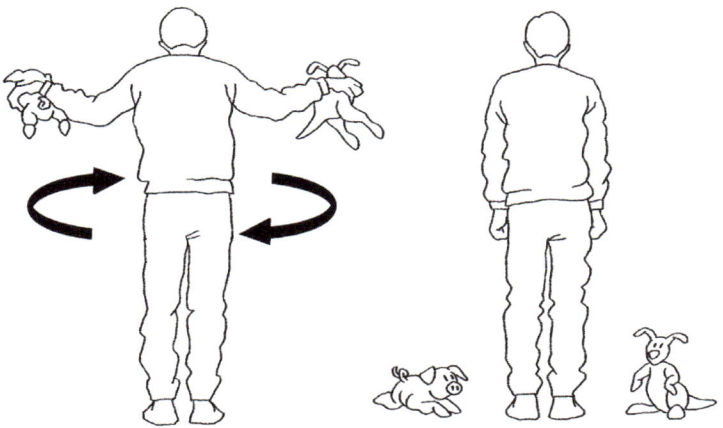

3. Dann beugt sich der Forscher herunter, nimmt die Plüschtiere hoch und wendet sich vollständig ab.

4. Der Wissenschaftler legt die Plüschtiere wieder hin. Der Halter lässt den Hund von der Leine und fordert ihn auf: „Bring es". Der Hund geht zum Känguruh.

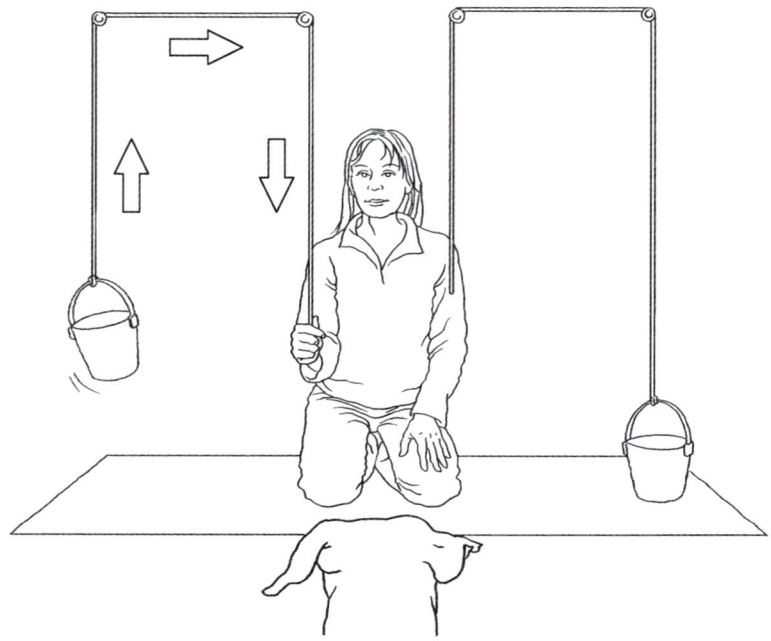

Wenn wir unsere Absichten durch Augenkontakt und Gestik deutlich machen, funktionieren Gesten ausgezeichnet, um dem Hund die Richtung zu weisen. Erfolgt jedoch die erwartete Geste nicht, verwirrt dies den Hund. Im obigen Versuch war der Hund darauf konzentriert, den Augenkontakt mit der enthusiastischen Versuchsleiterin zu halten und vergaß darüber, zu gucken, welcher Eimer sich bewegte (in dem ein Leckerchen wartete).

Erwachsene möchten, wenn sie die gleichen Aufgaben gestellt bekommen wie Hunde? Um dies zu beantworten, wurde mit 61 gut zweijährigen Kindern sowie 70 Familienhunden ein amüsantes Versteckspiel-Experiment unternommen. Zu beiden Seiten des Wissenschaftlers hing ein Plastikeimer, den er mit einem Seil bewegen konnte. In einem der Eimer war entweder ein Spielzeug für die Kinder oder ein Leckerchen für die Hunde versteckt. Zuerst wurden alle Teilnehmenden mit der Versuchsanordnung vertraut gemacht, damit sie verstanden, dass es um ein Spielzeug bzw. Leckerchen im richtigen Eimer ging. Dann begann das Experiment und der Wissenschaftler zeigte unterschiedliche Stufen von Begeisterung: Entweder er suchte Augenkontakt, lächelte und sagte fröhlich „Und jetzt...", während er am Seil eines der Eimer zog oder er guckte fortwährend auf den Boden und sagte teilnahmslos „Und jetzt....", während er am Seil zog. Jedes dieser Versteckspiele wurde auf zwei Arten variiert: Entweder zog der Wissenschaftler fast schon überdeutlich am Seil, um unmissverständlich zu zeigen, dass hier gesucht werden muss oder er zog eher beiläufig an das Seil, um den Eimer hochzuziehen. Im zweiten Fall nahm der Wissenschaftler die Hände vor den Mund und sagte mit verblüffter Mine: „Ach herrje!".

Die Wissenschaftler untersuchten, wie oft Kinder und Hunde in diesen vier Situationen die richtige Wahl trafen. Hunde und die Zweijährigen reagierten ganz unterschiedlich auf die Spiele. Die Kinder wählten öfter den richtigen Eimer, wenn der Wissenschaftler unverkennbar an dem Seil zog, wenn er jedoch beiläufig zog, wählten die Kinder den Eimer willkürlich aus. Es spielte dabei keine Rolle, ob der Wissenschaftler begeistert oder passiv war. Die Hunde jedoch wählten den richtigen Eimer öfter, wenn der Wissenschaftler keinen Augenkontakt suchte und teilnahmslos sprach. Ob der Wissenschaftler deutlich am Seil zog oder nicht, spielte hier keine Rolle. Richard Moore et al. glauben, dass die Hunde so darauf konzentriert waren, den Augenkontakt mit dem begeisterten Wissenschaftler zu halten, dass sie ganz und gar vergaßen, auf die Eimer zu gucken. Die Kinder hingegen verstehen, wenn etwas absichtlich gemacht wird und ignorierten daher, wenn der Wissenschaftler nur beiläufig das Seil zog. In einem Folgeversuch wies der begeisterte Wissenschaftler für die Hunde mit dem Zeigefinger auf den richtigen Eimer, während er gleichzeitig zwischen Hund und Eimer hin und her guckte. Nun fiel der Groschen auch bei den Hunden und sie wählten den richtigen Eimer öfter als nur zufällig. Vielleicht warteten die Hunde auf das richtige Startsignal für das Spiel und verstanden nicht, dass der sich in ihren Augenwinkeln bewegende Eimer zum Versteckspiel gehörte? Wenn wir unsere Absichten durch Augenkontakt und fröhliche Stimme deutlich machen, funktioniert das Zeigen ausgezeichnet, um dem Hund die Richtung zu weisen. Bleibt jedoch das erwartete Signal aus, wenn wir die volle Aufmerksamkeit des Hundes haben, scheint der Hund verwirrt zu sein und auf weitere Anweisungen zu warten.

Was passiert, wenn wir einen Hund mit Gesten aufs Glatteis führen? Verlieren wir das Vertrauen des Hundes und glaubt er uns dann nicht mehr? Eine japanische Forschergruppe um Akiko Takaoka führte einen einfachen Versuch dazu durch. Bevor der Hund den Versuchsraum betrat, wurden seine Lieblingsleckerchen in einer von zwei undurchsichtigen Plastikdosen versteckt. Als der Hund in den Raum kam, wies der Wissenschaftler auf die Box mit dem Leckerchen. Im nächsten Versuch konnte der Hund zusehen, wie der Wissenschaftler das Leckerchen in eine der Boxen legte. Anschließend zeigte der Wissenschaftler auf die falsche Box. Im dritten und letzten Durchgang zeigte der Wissenschaftler wieder auf die richtige Box. Der Hund wusste allerdings nicht, in welcher Box das Leckerchen lag. 34 Hunde aus 11 Rassen nahmen an dem Vertrauensversuch teil. Die Hunde folgten im ersten Versuch zu 58 % den Gesten, verglichen mit 13 % im dritten Versuch.

Im dritten Versuch dauerte es auch länger, bis die Hunde überhaupt eine Wahl trafen. Offenbar verlor der Wissenschaftler das Vertrauen der Hunde durch Legen der falschen Fährte im zweiten Versuch. Verloren die Hunde jedoch auch das Vertrauen gegenüber anderen Menschen oder nur gegenüber dem Versuchsleiter? Um das zu beantworten, wiederholten die Japaner den Versuch, setzten jedoch eine andere Person nach dem zweiten Versuch ein. Vertrauten die Hunde vielleicht dieser bis dahin unbekannten Person mehr? Die Hunde folgten den Gesten signifikant öfter, wenn es beim dritten Versuch einen neuen Versuchsleiter gab (39 % gegenüber 13 % vorher beim gleichen Versuchsleiter). In der Praxis bedeutet dieses Ergebnis, dass Hunde nicht alle Menschen über einen Kamm scheren. Vertrauen braucht lange, um zu wachsen und kann im Handumdrehen zerstört werden. Die Versuchsreihe soll noch weitergehen und die Wissenschaftler wollen schauen, ob verlorenes Vertrauen sich nur auf die Gestik bezieht oder ob der Hund auch in anderen Situationen nicht mehr gut folgt.

Die Aufzuchtbedingungen des Hundes sind wichtig, um erklären zu können, wie gut er unterschiedliche Gesten versteht. Das haben mehrere Forschergruppen durch Vergleiche von Familien- und Zwingerhunden gezeigt. Dass Hunde den Menschen als Sozialpartner akzeptieren, scheint angeboren zu sein. Hierfür war sicherlich gezielte Zucht gewünschten Verhaltens wie verminderte Aggressivität und Angst vor neuen Situationen hilfreich (siehe „Hund und Wolf"). Hingegen scheinen Hunde unsere Gesten nicht von Geburt an automatisch zu verstehen, sondern dies muss geübt werden. Und Hunde bekommen dabei reichlich Bestärkung von uns durch Streicheln, Spielen und Leckerchen, wenn sie unseren ritualisierten Gesten folgen.

DIE WISSENSCHAFT ERKLÄRT: GESTEN

- Hunde verstehen und gehorchen Zeigegesten besser als der nächste Verwandte der Menschen, der Schimpanse.

- Hunde deuten Gesten als Richtungsangabe, wo sie hingehen sollen.

- Dem Hund hilft es, wenn Sie vor Ausführen einer Geste Augenkontakt zu ihm herstellen und seinen Namen rufen.

- Wenn Sie den Hund bewusst durch Hinweise, die ins Leere führen, aufs Glatteis führen, verlieren Sie in gewissem Umfang sein Vertrauen.

- Wie der Hund aufwächst und wie viel mit ihm geübt wird, entscheidet, wie gut er später Gesten folgen kann.

Augenkontakt

Es ist uns wichtig, unsere Umwelt immerzu zu verstehen. Beispielsweise folgen wir reflexmäßig den Blicken anderer. Stellen Sie sich vor, Sie stehen im Publikum einer Sportveranstaltung oder eines Konzertes und Ihr Nachbar starrt woanders hin als alle anderen - Ihre Blicke werden auch dorthin wandern, um herauszufinden, was Sache ist. Dass Hunde im Training unsere Blicke suchen und ihnen folgen, ist wohlbekannt und ganz besonders augenfällig, wenn Leckerchen als Belohnung winken. In der Welpenerziehug ermuntern wir den Hund, auf seinen Namen zu hören und Augenkontakt zu suchen und erst dann beginnt die Übung.

Manchmal möchten wir, dass der Hund unserem Blick folgt, wenn wir ihn auf etwas aufmerksam machen möchten. Uns ist jedoch nicht bewusst, wie viele bewusste oder unbewusste Signale wir noch senden. Wir wenden beispielsweise den ganzen Körper in eine Richtung oder gestikulieren mit der Hand. Es ist daher schwer auszumachen, ob der Hund nur unserem Blick oder auch anderen Signalen folgt. Im Alltag schweifen unsere Blicke ohnehin umher und der Hund lernt mit der Zeit, dass es sich selten lohnt, unserem Blick zu folgen. Eine Forschergruppe unter Lisa Wallis untersuchte jüngst detailliert, ob das Alter oder frühere Trainingserfahrungen eines Hundes beeinflussen, inwiefern Hunde unserem Blick folgen, wenn wir etwas in der Ferne fixieren. 145 Border Collies im Alter zwischen 6 Monaten und knapp 14 Jahren nahmen daran teil. Die Hunde wurden mit dem Klicker trainiert, ihre Aufmerksamkeit auf die Gesichter der

Jüngere und ältere Hunde folgen unserem Blick öfter als Hunde mittleren Alters. Auch Hunde mit wenig oder keiner Trainingserfahrung folgen unserem Blick mehr als gut trainierte Hunde. Trainierte Hunde mittleren Alters verfügen über eine bessere Impulskontrolle und konzentrieren sich daher besser auf unsere Gesichter.

Wissenschaftler zu lenken. Wenn das klappte, gab es einen Klick und ein Stück Wurst. Bei Versuchsbeginn saß der Border Collie direkt vor dem Versuchsleiter, der den Hundenamen rief und dann „Guck!". Der Versuchsleiter guckte erstaunt, sobald der Hund in sein Gesicht sah und direkt danach wendete er den Kopf ab und guckte zur Tür einige Meter weiter weg. Ungefähr vierzig Prozent der Hunde folgten dem Blick des Versuchsleiters zur Tür innerhalb von zehn Sekunden. Jüngere und ältere Hunde folgten dem Blick des Versuchsleiters öfter als Hunde mittleren Alters. Die Wissenschaftler führen dies auf die bessere Impulskontrolle der mittelalten Hunde zurück. Jüngere Hunde sind lebhafter, ältere zerstreuter. Neben dem Alter spielte der Trainingsstand eine große Rolle. Trainingserfahrene Hunde konzentrierten sich besser auf das Gesicht des Versuchsleiters und ließen sich nicht durch das Abwenden des Kopfes ablenken. Die Studie zeigt mit großer Deutlichkeit, dass Hunde wie viele andere Tiere zum Beispiel Affen, Ziegen, Vögel und Schildkröten (!) unserem Blick folgen können. Aber auch, dass die Intention der Hunde, uns zu verstehen und mit uns zu kommunizieren, es ihnen schwer macht, ihre Blicke von unserem Gesicht abzuwenden.

Die enge Beziehung zwischen Mutter und Baby wird durch Augenkontakt verstärkt. Je länger sie einander in die Augen schauen, desto mehr „Glückshormon" Oxytocin wird bei der Mutter freigesetzt. Neuere Forschungen zeigen, dass der Augenkontakt zwischen Hund und Halter ebenfalls das Band zwischen beiden stärkt. In einem 2015 erschienenen Artikel in der renommierten Zeitschrift *Science* maß eine japanische Forschergruppe um Miho Nagasawa die Oxytocinkonzentration im Urin bei Haltern und ihren Hunden. Die Studie ergab, dass die Oxytocinspiegel bei den Haltern anstiegen, wenn sie mit ihren Hunden kuschelten, spielten und sprachen. Allerdings waren diese Aktivitäten für unser Glücksempfinden nichts im Vergleich zum Augenkontakt. Je länger der Augenkontakt dauerte, desto glücklicher wurden Halter und Hunde. Augenkontakt zwischen von Hand aufgezogenen Wölfen und deren Pflegern ergaben hingegen keine ähnlichen Ergebnisse. Wahrscheinlich haben sich Hunde und Menschen während der Domestizierung so sehr aneinander gebunden, dass durch Augenkontakt eine sogenannte postive Rückverstärkung entstanden ist. Genau wie bei Mutter und Baby entwickelt sich zwischen Halter und Hund eine „Glücks-Spirale": Sie schauen einander immer länger und öfter in die Augen, weil sie sich einfach gut dabei fühlen. Um diese Spirale nicht abzubrechen, muss der Augenkontakt beim

Ansteigen der Oxytocinkonzentration immer länger werden. Dies wurde in einem Folgeversuch bestätigt, in dem die japanischen Wissenschaftler den Hunden Nasenspray mit Oxytocin bzw. Kochsalzlösung verabreichten. Hunde, die das Nasenspray mit Oxytocin bekamen, suchten öfter Augenkontakt mit ihren Haltern als die Kontrollgruppe mit Kochsalzlösung. Es handelte sich dabei um einen sogenannten Blindversuch, in dem die Halter nicht wussten, welche Hunde welches Nasenspray bekommen hatten. Da die Hunde mehr direkten Augenkontakt suchten, stieg auch der Oxytocinspiegel der Halter an. Nach dem ersten Augenkontakt zwischen Hund und Halter beugt sich der Halter normalerweise herunter und streichelt den Hund oder schmust mit ihm. In diesem Versuch hatten die Halter jedoch die Anweisung, nicht mit den Hunden zu reden oder sie zu berühren. Dies mag der Grund dafür gewesen sein, dass der Oxytocinspiegel bei den Hunden nicht weiter anstieg und auf dem Stand nach Applikation des Nasensprays blieb. Die „Glücks-Spirale" wurde vom befremdenden Verhalten der Halter unterbrochen, das Band der Freundschaft nicht vollständig zu bestätigen. Den Wissenschaftlern ist noch nicht klar, warum nur Hündinnen und nicht Rüden nach der Applikation des Oxytocin-Nasensprays mehr Augenkontakt suchten. Ähnliche Ergebnisse hat es auch schon in Versuchen mit Menschen gegeben, in denen nur Frauen so reagieren. Eines jedoch ist unumstritten: Augenkontakt spielt eine Hauptrolle in der „Glücks-Spirale" zwischen Halter und Hund.

Aber was ist mit Blindenführhunden, die niemals direkten Augenkontakt mit ihren Haltern bekommen? Sind diese unglücklicher, weil sie die freundschaftlichen Gefühle zu dem Halter nicht bestätigen und bestärken können? In der Verhaltenswissenschaft gibt es das Konzept der „unlösbaren Aufgabe",

In der Verhaltenswissenschaft wendet man in der Regel die „unlösbare Aufgabe" an, um zu beobachten, ob und wie Hunde Hilfe beim Menschen suchen.

um zu beobachten, wie Hunde mit Menschen kommunizieren. Zuerst bekommt der Hund eine Aufgabe, die er lösen kann: an ein Leckerchen in einer Glasdose ohne Deckel zu kommen, indem er mit Pfote oder Nase die Dose umstößt. Im nächsten Schritt wird die Dose verschlossen und die Aufgabe wird plötzlich unlösbar. Sucht der Hund dann Hilfe beim Menschen und wenn ja, wie? Eine italienische Forschergruppe um Anna Scandurra beobachtete, ob sich Verhalten in so einem unlösbaren Versuch unterschied zwischen 13 aktiven Blindenführhunden (lebten zu Hause bei verschiedenen blinden Haltern) und 13 Blindenhunden in Ausbildung (lebten noch beim Züchter). Die Erwartungen der Wissenschaftler trafen nicht zu: Die aktiven Blindenführhunde suchten mehr Augenkontakt während der unlösbaren Aufgabe als die Hunde, die noch in Ausbildung waren. Die Blindenführhunde wandten sich an die Wissenschaftler um Hilfe, während die in Ausbildung stehenden Hunde die Aufgabe autark zu lösen versuchten und nur minimalen Augenkontakt

zum Menschen suchten. Vermutlich kam es zu diesem Ergebnis, weil sie zum einen in der Ausbildung nicht ermuntert worden waren, Augenkontakt zu suchen, und zum anderen, weil sie bisher nur spärlichen Kontakt mit Menschen gehabt hatten. Die aktiven Blindenführhunde waren hingegen gewohnt, mit Menschen zu interagieren, und das nicht nur mit den blinden Haltern, sondern auch mit deren Verwandten und Freunden. Obwohl Blindführhunde und die blinden Halter keinen Augenkontakt haben können, ist die Verbindung zwischen ihnen mit größter Wahrscheinlichkeit genauso stark wie bei sehenden Halten und ihren Hunden. Florence Gaunet zeigte in einer Untersuchung von 2008 sogar, dass bestimmte Blindenführhunde interessanterweise die Angewohnheit angenommen hatten, sich hörbar um die Schnauze zu schlecken, um die Aufmerksamkeit des Halters zu wecken. Auch wenn spätere Studien dies nicht bestätigen konnten, ist der Gedanke faszinierend, dass Blindenführhunde durchschauen, dass eher das Gehör als die Sehfähigkeit ihrer Halter angesprochen werden muss.

Ein italienisches Forscherteam unter Biagio d'Aniello testete genau den gleichen Versuchsaufbau an Hunden in der Wasserrettung. Die italienische Küstenwache hat seit zwanzig Jahren Labrador Retriever, Golden Retriever und Neufundländer als Rettungsschwimmer im Dienst. Über dreihundert Hunde sind in Italien im Einsatz und retten jährlich rund dreitausend Menschen. Um gute Leistung bringen zu können, müssen Wasserrettungshunde sehr aufmerksam auf Signale ihres Hundeführers reagieren. Diese Hunde werden gezielt darauf trainiert, Augenkontakt zu suchen, um pfeilschnell ins Wasser springen zu können, wenn es soweit ist. Springen die Hunde zum falschen Augenblick vom Boot oder aus dem Helikopter, kann dies fatal enden. Daher war es nicht verwunderlich, dass Wasserrettungs-hunde während der „unlösbaren Aufgabe" mehr Augenkontakt suchten als untrainierte Hunde. Die italienischen Forscherteams haben in diesen beiden Studien gezeigt, dass wir durch Training beeinflussen können, wie viel Augenkontakt unterschiedliche Diensthunde einsetzen, um mit ihrem Halter zu kommunizie-ren. Anders ausgedrückt gibt es ein angeborenes Verhalten bei Hunden, Augenkontakt zu suchen. Aber je nachdem, welches soziale Training den Hunden zuteil wird, lernen sie, diese Fähig-keit noch weiter auszubauen.

Eine finnische Forschergruppe um Heini Törnqvist veröffent-lichte 2015 eine Studie, in der untersucht wurde, wie relevant die Aufzuchtbedingungen von Hunden für ihr Interesse an Menschen und Hunden in verschiedenen sozialen Settings sind. Familien- und Zwingerhunde bekamen Fotografien von zwei Menschen zu sehen, die einander ab- bzw. zugewandt waren so-wie von zwei Hunden, die einander ab- bzw. zugewandt waren. Diese vier Varianten sozialer Interaktion wurden auf einem be-sonderen LCD-Monitor gezeigt, der den Augenbewegungen der Hunde folgen und messen konnte, wo auf den Bildern genau der Hund den Blick wie lange verweilen ließ. Die Familienhunde guckten bei allen Fotografien länger als die Zwingerhunde und schienen insgesamt mehr interessiert, soziale Interaktionen zu deuten, als die Zwingerhunde. Aber keinen Unterschied gab es zwischen Familien- und Zwingerhunden bei dem, was sie am in-teressantesten fanden: sich einander zugewandte Menschen und sich einander zugewandte Hunde. Das größte Interesse erweckte die Fotografie von zwei sich berührenden Menschen. Die Hunde konnten kaum den Blick von diesem Bild lassen!

In einer früheren Studie der gleichen Forschergruppe wur-den den Hunden Bilder von Gesichtern von Menschen und

Die Wissenschaftler können mit Hilfe eines besonderen Monitors den Augenbewegungen der Hunde folgen, um genau zu messen, wo der Blick hängenbleibt, wenn sie die Fotografien anschauen. Je länger der Blick verweilt, desto größer ist der grüne Kreis.

In einer finnischen Studie mit Familien- und Zwingerhunden kam heraus, dass zwei einander zugewandte Menschen das größte Interesse von allen vier oben gezeigten Szenarien weckte. Es scheint also, dass Hunde mehr Zeit aufwenden, um Interaktionen zwischen Menschen zu deuten als die zwischen Hunden.

Hunden gezeigt - immer eines nach dem anderen. Die Hunde-gesichter waren für die Hunde interessanter als die Menschenge-sichter. Vielleicht war die soziale Interaktion zwischen Menschen in der Studie von 2015 für die Hunde schwerer zu deuten und daher verweilten ihre Blicke dort besonders lange.

In einem Folgeversuch sollten Menschen die gleichen Foto-grafien angucken wie zuvor die Hunde. Wie auch die Hunde guckten die Versuchspersonen länger auf die Fotos, auf denen jeweils Hunde und Menschen einander zugewandt waren. Am interessantesten war hierbei die Fotografie mit den interagie-renden Hunden. Dieses Ergebnis war unabhängig davon, ob die Versuchsperson Hundeexperte war oder nicht. Die Studie zeigt eindeutig, dass Hunde genau wie Menschen soziale Wesen sind: Sowohl Hunde als auch Menschen nehmen sich die meiste Zeit, um einander zu deuten und zu verstehen.

Werden Sie nun Augenkontakt zu Ihrem Hund suchen oder nicht? Hoffentlich haben die Studien Sie überzeugt: Selbstver-ständlich werden Sie das nun tun! Hunden ist es angeboren, Sie verstehen zu wollen und was bietet sich mehr an, als Ihr Ge-sicht zu studieren? Durch soziales Training konzentriert sich Ihr Hund mehr auf Ihr Gesicht, um schnell auf das nächste Signal reagieren zu können. Es gibt jedoch keine pauschalen Ratschlä-ge, wie man sich verhalten soll, wenn man auf einen fremden Hund trifft – das hängt von der Situation ab. Freundliche Ab-sichten signalisieren, indem man dem fremden Hund einen be-stätigenden Blick zuwirft, kann nichts schaden. Aber Sie sollten einen Hund, der offenbar aggressives Verhalten an den Tag legt, natürlich nicht drohend anstarren. In dem Fall bietet es sich an, vorsichtig wegzugehen.

DIE WISSENSCHAFT ERKLÄRT: AUGENKONTAKT

- Direkter Augenkontakt zwischen Ihrem Hund und Ihnen macht Sie beide glücklicher. Dies wurde durch Messungen des „Glückshormons" Oxytocin im Urin nachgewiesen.

- Abhängig von der Art des Trainings suchen verschiedene Diensthunde mehr Augenkontakt als üblich. Ein Beispiel sind Wasserrettungshunde in Italien.

- Bestimmte Blindenführhunde haben gelernt, sich hörbar um die Schnauze zu schlecken, um Aufmerksamkeit zu wecken.

- Hunde schauen länger auf Fotografien mit interagierenden Menschen als mit interagierenden Hunden. Vermutlich brauchen sie länger, um uns zu verstehen.

- Hunde folgen unserem Blick auch, wenn keine Belohnung zu erwarten ist. Trainierte Hunde mittleren Alters folgen unserem Blick in der Regel jedoch nicht. Möglicherweise konzentrieren sie sich darauf, unsere Gesichter zu „lesen" und lösen daher nicht gerne ihre Augen davon. Jüngere sowie ältere Hunde verfügen über eine geringere Impulskontrolle.

Problemlösung

Manchmal läuft es einfach schief. Bestimmte Verhaltensweisen Ihres Hundes nehmen überhand und werden zum Problem. In diesem Kapitel besprechen wir die gängigsten Probleme und wie man sie angeht, um weder das Wohlergehen des Hundes noch Ihren Seelenfrieden zu gefährden. Thematisiert werden unter anderem aggressive, ängstliche und unruhige Hunde und entsprechende Hilfestellungen. Gegen Ende greife ich auf, wie Hunde in der Tiervermittlung klarkommen und wie man ihnen das Leben erleichtern kann.

Verhaltensprobleme

Bellen und Knurren sind an sich natürliche Verhaltensweisen. Aber wenn einige Verhaltensweisen überhand nehmen, wird das Miteinander von Hund und Mensch problematisch. Denn wir Menschen sind letztlich diejenigen, die definieren, was ein Problem ist und was nicht. Bestimmte stereotype Verhaltensweisen, die nicht auflösbar sind, schaden dem Hund und wir müssen gemeinsame Lösungen finden, damit es Hund und Halter besser geht. Es gibt unzählige Bücher über Hundeerziehung, und wenn diese nicht weiterhelfen, kann man sich an Hundepsychologen und Verhaltensexperten wenden. Was aber sind die gängigsten Probleme? Und was liegt den Verhaltensproblemen bei Hunden zu Grunde?

Die Erfahrungen, die ein Hund von der Welpenzeit bis zur Geschlechtsreife macht, bestimmen maßgeblich, wie er sich entwickelt (siehe „Die soziale Entwicklung des Welpen" und „Beziehungsaufbau"). Wurde ein Hund im jungen Alter nicht sozialisiert oder wuchs er ohne funktionierende Beziehung zum Halter auf, besteht das Risiko, dass er als erwachsener Hund Verhaltensprobleme entwickelt. Eine italienische Studie zeigt unmissverständlich, dass die Welpenzeit für das Verhalten als erwachsener Hund ausschlaggebend ist. Ein Wissenschaftlerteam unter Federica Pirrone nahm unter die Lupe, welchen Einfluss die Herkunft und das Aufwachsen des Hundes für spätere Verhaltensprobleme haben – genauer gesagt ging es um Aggressivität gegen Familienmitglieder. Dafür interviewten Federica Pirrone et al. die Halter von 349 Hunden, die von kleinen Züchtern stammten sowie 173 Hunde, die im Zoogeschäft gekauft worden waren. Sämtliche Hunde waren zum Zeitpunkt der Interviews über ein Jahr alt. Die Fragen betrafen die Halter und ihre Hunde und anschließend sollten die Halter beurteilen, ob die Hunde Vehaltensprobleme hätten. Das Ergebnis zeigte, dass alle Verhaltensprobleme – wie Aggressivität, Zwangsstörungen und Trennungsangst – bei den Hunden aus dem Zoogeschäft überwogen, siehe Tabelle auf der folgenden Seite. Die Wissenschaftler zogen das Resümee, dass im Zoogeschäft aufgewachsene Welpen weniger sozialisiert sind als Welpen vom Züchter. Auch wenn Zoogeschäfte in Schweden keine Welpen verkaufen dürfen, zeigt das Ergebnis dennoch, welche Rolle die Welpenzeit für das Verhalten des erwachsenen Hundes bedeutet. Da die Sozialisierung früh in der Welpenzeit beginnen sollte, tragen Züchter und Halter eine große Verantwortung für eine ordentliche Sozialisierung.

Aber die Gründe für Verhaltensprobleme können nicht nur mit der Herkunft der Welpen erklärt werden, denn wahrscheinlich kaufen verantwortungsbewusste Halter ihre Hunde ohnehin eher von einem Züchter als im Zoogeschäft. Mit Hilfe anerkannter statistischer Methoden berücksichtigten Federica Pirrone et al. daher auch Verhalten, Biografie und Erfahrungen der Halter: Hatten die Halter früher schon Hunde, wie oft und lange bekamen die Hunde Gassigänge, wo schlief der Hund, wurden die Hunde bei unerwünschtem Verhalten bestraft, wurde eine Hundeschule besucht und so weiter. Rückte das Verhalten der Halter in den Fokus, spielte die Herkunft des Hundes eine weniger große Rolle für Verhaltensprobleme wie Trennungsangst, Zwangsstörungen und Unsauberkeit im Haus. Das Verhalten der Halter war also ebenso an den Verhaltensproblemen der Hunde beteiligt. Die Studie zeigt elegant, dass sowohl die frühe Welpenzeit

PROBLEM	DEFINITION	ITALIEN ZÜCHTER 349 HUNDE	HUNDE ITALIEN ZOOGESCHÄFT 173	SÜDKOREA 174 HUNDE
Bellen	Der Hund bellt, winselt und heult oft und anhaltend im Kontakt mit Fremden, Verkehr, anderen Tieren oder bei plötzlichen Geräuschen.	–	–	**47 %**
Unsauberkeit	Der Hund ist nicht stubenrein oder markiert im Haus.	**5 %**	**15 %**	**41 %**
Aggressivität	Der Hund bellt, macht eine Bürste, knurrt, geht auf Angriff oder beißt den Halter, fremde Personen oder andere Tiere.	**10 %**	**21 %**	**36 %**
Furcht	Der Hund zeigt Zeichen von Furcht, will fliehen, sich verstecken, zittert oder bekommt Panik bei Kontakt mit fremden Personen, im Verkehr, bei Lärm oder bei Kontakt mit anderen Tieren.	–	–	**30 %**
Trennungsangst	Der Hund zeigt Zeichen von Unruhe wie Winseln, Bellen, sich Lösen oder Zerstörungswut in Abwesenheit des Halters.	**17 %**	**30 %**	**28 %**
Hyperaktivität	Der Hund kommt nicht zur Ruhe, bewegt sich stürmisch, läuft und springt, ist rastlos und ungehorsam.	–	–	**20 %**
Zerstörungswut	Der Hund zerreißt, zerkaut und zerstört Sachen wie Möbel, Elektronik, Kleidung und Pflanzen im Haus.	–	–	**16 %**
Zwangs-störungen	Der Hund wiederholt zwanghaft bestimmte Verhaltensweisen wie sich schlecken, den eigenen Schwanz jagen oder sich selbst verletzen.	**14 %**	**30 %**	**13 %**
Sexuelle Probleme	Der Hund versucht sich mit Menschen, anderen Tieren oder Objekten wie Kissen oder weichen Spielsachen zu paaren.	–	–	**7 %**
Koprophagie	Der Hund frisst Kot anderer Hunde oder Tiere.	–	–	**6 %**

Die vier häufigsten Verhaltensprobleme beim Hund in einer italienischen Studie und die zehn häufigsten Probleme bei Hunden einer südkoreanischen Studie. Die Prozentangaben zeigen, wie viele Hunde in den jeweiligen Spalten das Verhalten zeigten. „–" bedeutet, dass es in der Studie keine Angaben dazu gibt.

als auch die Interaktion zwischen Halter und Hund bestimmt, ob unerwünschte Verhaltensweisen in dem Maße vorkommen, dass sie als problematisch empfunden werden. Verhält sich ein Hund oft aggressiv, kümmert sich der Halter infolge vielleicht weniger gut um ihn und es kann ein Teufelskreis entstehen.

Auch das Team um den südkoreanischen Forscher Tae-ho Chung untersuchte, ob die Beziehung zwischen Hund und Halter zu Verhaltensproblemen beitragen kann. Die Wissenschaftler ließen 174 Hundehalter einen bestimmten Fragebogen ausfüllen, *Canine Behavioral Assessment and Research Questionnaire* (C-BARQ), der oft in der Verhaltensforschung bei Hunden herangezogen wird. Der Fragebogen umfasst 24 Fragen rund um die Lebensumstände der Hunde, wie gut die Interaktion zwischen Halter und Hund läuft und eventuelle Verhaltensprobleme des Hundes. Die allermeisten Halter gaben an, ihr Hund zeige mindestens eines der in der Tabelle auf Seite 127 beschriebenen Probleme. Die gängigsten Probleme waren laut Halter zu häufiges Bellen, Unsauberkeit im Haus, Aggressivität oder Furcht und Trennungsangst. Allen voran wurde übermäßiges Bellen angeführt, wobei Rüden an der Spitze lagen. Bellen und viele andere Verhaltensprobleme hingen vom Grad der Bewegung der Hunde ab und davon, ob sie längere Zeit zu Hause alleine waren. Die Gefahr, dass die Halter das Bellen als Problem ansahen, wuchs zum Beispiel, wenn die Hunde nur ein bis drei Stunden pro Woche rauskamen.

Hunde, die regelmäßig Spaziergänge bekamen, bellten desgleichen weniger. Die Länge der jeweiligen Hundegänge schien jedoch keine weitere Rolle zu spielen. Möglicherweise sind Hunde, die nur sporadisch rauskommen, von all den Eindrücken draußen so gestresst, dass sie infolge mehr bellen. Damit Gänge

eine positive Stimulanz für den Hund darstellen, bedarf es also einer täglichen „sozialen Exposition", bei der die regelmäßigen Gänge mithelfen, die Gefahr zu verringern, dass Verhaltensprobleme entstehen und/oder bestehen bleiben.

Ein weiterer Aspekt, der „übertriebenes" Bellen beeinflussen kann, ist die Länge des Alleinbleibens. Drei bis sechs Stunden täglich reichen dabei, dass Bellen zum Problem für die Halter wird. Hunde, die weniger als drei Stunden am Tag alleine bleiben, bellen hingegen weniger. Blieben Hunde jeden Tag sehr lange alleine (neun bis zwölf Stunden), wurde nicht nur das Bellen zum Problem, sondern gut nachvollziehbar auch Unsauberkeit. Der wichtigste Grund für die Halter, beim Tierarzt oder Verhaltenswissenschaftler Hilfe zu suchen, waren allerdings weder Bellen oder Unsauberkeit, sondern Aggressivität. Die südkoreanischen Forscher konnten jedoch keinen Zusammenhang zwischen aggressiven Hunden und Geschlecht, Alter, Rasse, Länge der Gänge oder des Alleinebleibens finden. Um zu sehen, ob Zusammenhänge bestehen, müssen noch weitere Studien in anderen Teilen der Welt und mit mehr Hunden durchgeführt werden.

Bisher habe ich den Fokus darauf gelegt, dass Verhaltensprobleme mit der Welpenzeit und der Interaktion zwischen Halter und Hund zusammenhängen können. Aber es ist auch wissenschaftlich erwiesen, dass Verhaltensprobleme wie Aggressivität zwischen Rüden mit der Produktion des Geschlechtshormons Testosteron zusammenhängen können. In vielen Ländern der Welt führen Hunde ein freieres Leben als in Schweden. Im Dorf Puerto Natales in Südchile laufen Rüden und Hündinnen frei herum, obgleich sie ein Zuhause bei Menschen haben. Das freie Leben führt unweigerlich dazu, dass die Hundepopulation immer größer wird und die Konkurrenz zwischen den Tieren Stress und Aggressivität unter den Rüden fördert.

Diesem Problem kann durch Kastration der Rüden begegnet werden, um so den Geschlechtstrieb zu kappen oder zu vermindern. Bei der Kastration des Rüden werden chirurgisch beide

Hoden, in denen Testosteron produziert wird, aus dem Hodensack entfernt. Stoppt die Testosteronproduktion, verschwinden nicht nur der Geschlechtstrieb sondern auch viele andere Verhaltensprobleme. Die kastrierten Rüden sind weniger aggressiv, markieren weniger, fressen besser, ziehen nicht mehr alleine los und sind weniger gestresst. Eine billigere, schnellere und für die Hunde weniger risikoreiche Alternative zur chirurgischen Kastration ist die chemische. Es ist wissenschaftlich jedoch noch nicht klar, wie effektiv diese Methode ist. Daher führte eine Forschergruppe aus Kanada und Chile unter Leitung von Raphael Vanderstichel ein Experiment im Dorf Puerto Natales durch. Die Wissenschaftler ließen als einen Teil des Experimentes mit Zustimmung der Halter insgesamt 118 im Dorf frei laufende Rüden kastrieren. Als erstes wurden Blutproben genommen, um den Testosteronspiegel aller Hunde zu erfassen. Die Blutproben ergaben, dass Hunde im Alter zwischen zwei und fünf Jahren höhere Testosteronwerte aufwiesen als jüngere und ältere Hunde. Hingegen veränderten sich die Testosteronwerte nicht mit dem Körpergewicht, der Größe oder zu welcher Tageszeit die Proben genommen wurden. Sechs Monate später ging das Experiment weiter und die Forscher unterteilten die Hunde willkürlich in drei Gruppen: Gruppe eins, in der alle Hunde chemisch kastriert wurden, Gruppe zwei, in der allen Hunden chirurgisch die Hoden entfernt wurden und Gruppe drei, die Kontrollgruppe, in der kein Hund kastriert wurde. Die Tierärzte nahmen Blutproben eine Stunde nach der Kastration sowie vier und sechs Monate später. Insgesamt dauerte die Studie also ein ganzes Jahr (sechs Monate vor und sechs Monate nach der Kastration). Bei den Rüden, denen die Hoden entfernt wurden, lagen die Testosteronwerte nach vier und sechs Monaten nahezu bei null. Der chirurgische Eingriff hatte also erwartungsgemäß funktioniert. Der Effekt der chemischen Kastration auf die Testosteronwerte war jedoch nicht so eindeutig. Am ersten Tag ging der Wert tatsächlich im Vergleich mit dem Basiswert sechs Monate zuvor nach oben. Weder vier noch sechs Monate später konnten die

Forscher einen signifikanten Unterschied zwischen Kontroll- und Versuchsgruppe nachweisen. Wenn es also überhaupt einen Effekt der chemischen Kastration gegeben hat, muss dieser in den ersten vier Monaten eingetreten sein. Wendet man also dieses hier eingesetzte Präparat an, kann man davon ausgehen, dass die chemische Kastration keine langfristige Reduzierung der Geschlechtshormone und die dazu gehörenden Verhaltensänderungen bewirkt.

In der oben angeführten Studie injizierte der Tierarzt mit einer Spritze eine Lösung, während man in Schweden einen Chip unter die Haut implantiert, der kontinuierlich über einen längeren Zeitraum die wirksame Substanz abgibt. Die vollständige Wirkung des Chips beginnt ab sechs Wochen nach Implantation und hält bis sechs Monate an. Aber auch beim Chip kann es passieren, dass der Testosteronspiegel zunächst ansteigt. Anschließend jedoch wird die wirksame Substanz den Geschlechtstrieb reduzieren. Es ist wissenschaftlich nicht geklärt, ob die Fruchtbarkeit anschließend wieder das normale Niveau erreichen wird. Daher sollte man Hunde nicht chemisch kastrieren lassen, mit denen noch gezüchtet werden soll.

DIE WISSENSCHAFT ERKLÄRT: VERHALTENSPROBLEME

- Zu den oft als problematisch empfundenen Verhaltensweisen von Hunden gehören übermäßiges Bellen, Aggressivität gegen andere Tiere oder Menschen, Unsauberkeit im Haus, grundlose Furcht, Trennungsangst oder Zwangsstörungen.

- Die Verhaltensprobleme sind eng daran geknüpft, wie lange Hunde jeden Tag alleine gelassen werden und ob und wie lange sie rauskommen.

- Die Herkunft des Hundes kann bestimmte Verhaltensprobleme erklären. Aggressivität kommt bei Hunden aus dem Zoogeschäft häufiger vor als bei Hunden vom Züchter.

- Bestimmte Verhaltensprobleme finden ihre Erklärung im Verhalten, den Lebensumständen und den Erfahrungen der Halter.

- Chemische Kastration von Rüden hat eine vorrübergehende Unterdrückung der Testosteronproduktion zur Folge. Der Erfolg hängt von der Präparatwahl ab.

Furcht, Unruhe und Angst

Kennen Sie den Unterschied zwischen Furcht und Unruhe? Wissenschaftlich erklärt klingt Furcht nach relativ kurzer Zeit wieder ab und ist eine Reaktion auf ein konkretes Ereignis. Wir reagieren mit Flucht oder Kampf. Bei vielen Hunden wird Furcht durch plötzliche Geräusche ausgelöst, während andere Furcht vor fremden Menschen, Situationen oder Objekten empfinden. Unruhe wiederum dauert länger an, zielt auf die Zukunft und wird nicht unbedingt durch tatsächliche Gefahr ausgelöst. Bei starker Unruhe werden Angst und lang anhaltender Stress mit negativen Folgen für die Gesundheit ausgelöst. Bestimmte Hunde erleben zum Beispiel starke Unruhe oder Angst, wenn sie alleine gelassen werden, was für die Halter eine große Herausforderung werden kann. Was liegt jedoch Furcht oder Unruhe bei Hunden zu Grunde? Sind es eher erbliche Faktoren oder spielen die Aufzuchtbedingungen eine Rolle? Lassen sich Furcht und Unruhe beim eigenen Hund irgendwie lindern?

Die beiden finnischen Forscher Katriina Tiira und Hannes Lohi interviewten die Halter von 3.264 Hunden, um hierauf eine Antwort zu finden. In dem 2015 in *PLoS ONE* erschienenen Artikel konzentrierten sich die Forscher auf Furcht von Hunden vor plötzlichen oder lauten Geräuschen, Furcht vor Menschen, anderen Hunden oder neuen Situationen sowie Trennungsangst. Über einhundert Halter beantworteten den Fragenkatalog für die Hunderassen Border Collie, Lagotto Romagnolo, Deutscher

Schäferhund, Saluki, Deutsche Dogge und Belgischer Schäferhund. Am allermeisten erklärten die Aufzuchtbedingungen der Welpen während der ersten drei Lebensmonate, ob die Hunde als Erwachsene Furcht entwickelten oder nicht. Schlechter sozialisierte Welpen waren als Erwachsene furchtsamer. Im Unterschied zu anderen Ländern werden in Finnland Welpen bereits im Alter von sieben bis acht Wochen abgegeben. Das bedeutet, dass die Erfahrungen der Welpen sowohl bei ihrer Mutter als auch bei den neuen Haltern in den ersten Monaten nach dem Kauf eine wichtige Rolle für ihre Fähigkeit spielen, später im Leben mit Stress umzugehen (siehe „Die soziale Entwicklung des Welpen"). Die Geräuschempfindlichkeit kann darauf deuten, dass Ihr Hund gestresst ist. Können Sie aber auch mit dem Problem umgehen? Genau wie Psychologen tägliche, lange Spaziergänge für Patienten mit Depressionen „verordnen", zeigte die Studie von Katriina Tiira und Hannes Lohi, dass tägliche Bewegung ein effektives Gegenmittel für die Geräuschempfindlichkeit bei Hunden ist. Dabei geht es nicht alleine um die Zeitdauer der physischen Aktivität, sondern auch um die Qualität des Ganges. Hunde, die frei laufen durften, zeigten weniger Furcht bei plötzlichen Geräuschen als diejenigen, die teilweise oder immer angeleint liefen. Noch ist nicht genau klar, wie Bewegung Furcht und Unruhe bei Hunden entgegenwirkt, aber wahrscheinlich erhöht sich dank Bewegung der Serotoninspiegel, ein körpereigenes Hormon, das antidepressiv wirkt. Bekamen Hunde täglich Bewegung, waren sie in der Regel auch kürzer alleine und kamen in den Genuss verschiedener Aktivitäten wie gemeinsame Hundeschule mit ihrem Halter. Daher ist nicht sicher belegt, ob nur die Bewegung wichtig ist. Vielleicht ist es eine Kombination von Faktoren, die einige Hunde besser umsorgt und sozialisiert sein lässt.

Die Ergebnisse der finnischen Untersuchung zeigten auch, dass ältere Hunde sowie Hündinnen geräuschempfindlicher waren als jüngere Hunde und Rüden. Insbesondere Hunde über zehn Jahre zeigten große Furcht bei plötzlichen Geräuschen.

Hunde, die alleine im Haushalt lebten, zeigten mehr Furcht als Tiere aus Mehrhundehaltung. Und schließlich scheint die Hundeerfahrung des Halters noch eine Rolle zu spielen: Der erste Hund war oft geräuschempfindlicher als der zweite oder dritte Hund. Vielleicht spiegelt dies, dass die Halter mit jedem Hund mehr Erfahrung in der Erziehung sammeln oder dass sie beim nächsten Hund sorgsamer bei der Wahl des Züchters sind.

Haben Hunde langanhaltende Krankheiten, ist es möglich, dass sie davon gestresst sind, was wiederum die Genesung behindert und sie leichter in Krankheitsspiralen geraten lässt. Sandra Nicholson und Joanne Meredith aus England haben eine neu entwickelte Methode angewandt, um langanhaltenden Stress bei Hunden zu erfassen. Wir wissen bereits, dass kurzzeitiger Stress durch Messungen des Stresshormons Kortisol im Speichel ermittelt werden kann. Diese neue Methode jedoch misst stattdessen die langfristige Einlagerung von Kortisol im Fell des Hundes, um festzustellen, ob der Hund unter chronischem Stress leidet. Die Forscher untersuchten insgesamt 16 gesunde Hunde und 17 Hunde mit chronischen Krankheiten wie Arthrose, chronischer Bronchitis und Herzinsuffizienz. Es konnten jedoch keine signifikanten Unterschiede im Kortisolspiegel des Hundefells zwischen den Gruppen gefunden werden. Hingegen fanden die Forscher heraus, dass Hunde, die jeden Tag länger alleine waren, mehr chronischen Stress zeigten – egal, ob sie gesund oder krank waren. In gewissem Umfang ließ sich dieser Stress durch weitere Hunde im Haushalt eindämmen. Um Unruhe und Angst bei Hunden begegnen zu können, müssen wir ihr Stressniveau sicher messen können. Diese Methode ist vielversprechend und wird uns sicherlich noch weitere Ergebnisse bescheren.

Gibt es wohl auch einen Zusammenhang zwischen gestressten

Haltern und gestressten und unruhigen Hunden? Das nahm eine japanische Forschergruppe unter Naoko Koda unter die Lupe. Dafür maßen die Forscher die Kortisolmenge im Speichel der Hunde vor und nach einem Besuch in einem Gefängnis. Diese Besuchshunde sollten Gefangenen mit psychischen Problemen und leichten Entwicklungsstörungen beim sozialen Miteinander helfen, um sie auf ein Leben in Freiheit vorzubereiten. Gefangene in einer prekären Umgebung zu besuchen, ist auch für Hunde eine Herausforderung. Die Wissenschaftler zeigten jedoch, dass die meisten Hunde niedrige Stresslevel vor dem Besuch und noch niedrigere im Anschluss daran hatten. In den wenigen Fällen, in denen der Besuch die Hunde stresste, geschah dies eher als Folge ihrer gestressten Halter. Die Hunde spiegelten also das Verhalten der Halter. In elf Prozent der Fälle schätzten die Halter auch den Stress ihrer Hunde falsch ein: Sie gaben an, dass das Verhalten ihrer Hunde nach dem Besuch auf Stress schließen ließe, während die Kortisolwerte genau das Gegenteil zeigten. Vielleicht fühlten die Halter sich gestresst und übertrugen dieses Gefühl auf ihre Hunde. Die japanischen Forscher zogen das Resümee, dass die Halter lernen müssten, mit Stress besser umzugehen, was sich dann wiederum positiv auf das Wohlbefinden der Hunde auswirken kann.

Trennungsangst ist mit das häufigste Verhaltensproblem bei Hunden. Der Stress äußert sich unterschiedlich. Es ist jedoch nicht ungewöhnlich, dass ein Hund mit Trennungsangst bellt, heult, Möbel und Einrichtung zerstört und unsauber wird, wenn er allein gelassen wird. 2015 zeigte ein britisches Wissenschaftlerteam um Christos Karagiannis, dass man Trennungsangst beim Hund erfolgreich mit Antidepressiva aus dem humanen Bereich behandeln kann.

Und zwar handelte es sich dabei nicht nur um eine kurzfristige Unterdrückung unerwünschten Verhaltens, sondern erzielte in Kombination mit Verhaltenstherapie langfristige, positive Effekte. Zur Therapie gehörten mehrere Maßnahmen, um den Hund schrittweise ans Alleinsein zu gewöhnen, auch wenn die Halter zu Hause waren sowie gutes Verhalten zu bestärken, wenn die Halter weggingen und wiederkamen. Leider haben alle Arzneimittel aber auch teilweise negative Nebenwirkungen. Bei Menschen haben Antidepressiva oft Müdigkeit und Gewichtszunahme zur Folge. Welche Nebenwirkungen Antidepressiva bei Hunden haben, ist noch unbekannt. Allerdings erschien 2015 ein Artikel darüber, welche Nebenwirkungen das häufig verabreichte Mittel Kortison bei Hunden haben kann. Kortison ist ein Steroidhormon mit entzündungshemmenden Eigenschaften und wird oft bei Hautproblemen und Brüchen eingesetzt. Es ist bekannt, dass Kortison beim Menschen eine Latte an psychologischen Nebenwirkungen hat. Ein englisches Forscherteam um Lorella Notari nahm sich des Themas bei Hunden an. Sie verglichen daher das Verhalten bei 44 Hunden unter Kortisonbehandlung mit 54 Hunden einer Kontrollgruppe, die Antibiotika oder andere entzündungshemmende Mittel bekamen. In allen Fällen wirkte die Kortisonbehandlung auf die Stimmung der Hunde ein. Kortison ließ die Hunde nervöser, furchtsamer und aggressiver werden und sie reagierten bei Erschrecken heftig, beispielsweise mit Dauergebell. Sie wichen auch vermehrt Menschen und unbekannten Situationen aus. Die Forscher empfahlen jedoch keineswegs, die Kortisonbehandlung abzubrechen. Es handelt sich grundsätzlich um ein effektives Medikament. Allerdings sollte man die Halter aufklären, dass es zu diesen Verhaltensveränderungen kommen kann und wie man ihnen begegnet.

Zum Schluss möchte ich noch eine neue, noch schnellere Methode zur Erfassung des Stressniveaus bei Hunden erwähnen. Es wäre viel gewonnen, wenn die Wissenschaftler den jeweils momentanen Stress messen könnten, statt erst Proben nehmen und auswerten zu müssen. Dann könnten wir immer aktuell sehen, was beim Hund Stress auslöst. Ein Artikel einer italienischen Forschergruppe um Tiziano Travain trägt den buchstäblich zu nehmenden Titel *Hot dog: Thermography in the assessment of stress in dogs*. Die Forscher setzten eine Kamera ein, die auf Infrarotlicht statt auf sichtbares Licht reagiert. Solche Geräte werden herkömmlich Wärmebildkamera genannt und in der Regel dazu genutzt, um Energieverluste bei schlecht gedämmten Häusern aufzudecken. Beim Hund kann man entsprechend messen, wie warm die Augen direkt vor dem Tränenkanal sind, was Rückschlüsse auf den Stresslevel des Hundes zulässt: Je größer der

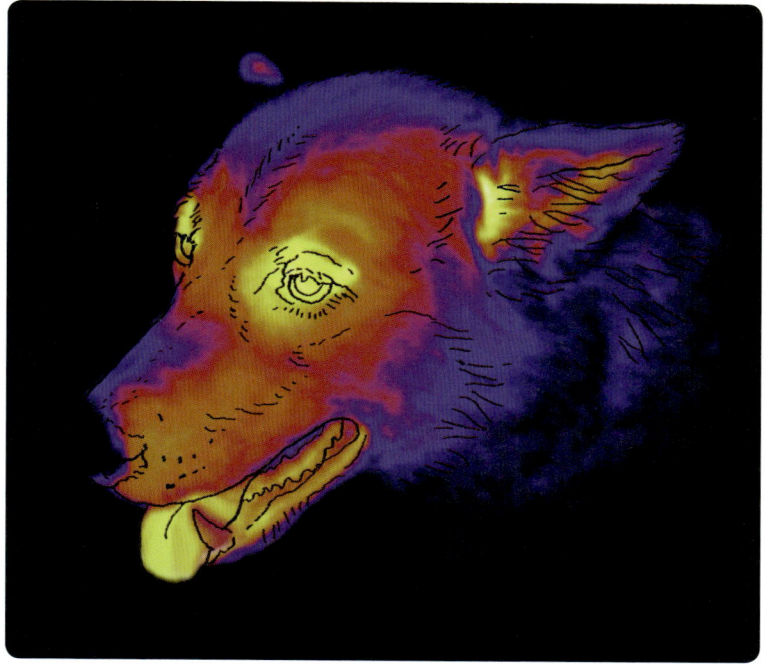

Eine Wärmebildkamera deckt auf, ob der Hund zu einem Zeitpunkt gestresst ist oder nicht. Wie warm die Augen direkt vor dem Tränenkanal sind, lässt Rückschlüsse auf die Körpertemperatur des Hundes zu, die bekanntlich bei Stress steigt. Gelbe Färbung bedeutet wärmere Partien und Lila zeigt auf dem Foto oben kühlere Partien an.

Stress, desto höher die Temperatur. Die Wissenschaftler untersuchten 14 Hunde, die gemeinsam mit ihren Haltern einen für sie unbekannten Tierarzt besuchten. Die Wärmebildkamera kam im Wartezimmer vor dem Besuch, während der Routineuntersuchung beim Tierarzt und schließlich nach dem Termin wieder im Wartezimmer zum Einsatz. Die Ergebnisse waren eindeutig. Die Augentemperatur stieg dramatisch in Gegenwart des Tierarztes und das, obwohl der Hund fast wie gelähmt während der Routinekontrolle dasaß. Die gestiegene Körpertemperatur war also keine Folge von Aktivität. Der Hund absolvierte den Besuch ruhig und legte sein Unbehagen nur der Wärmebildkamera dar. Die Methode scheint also ausgezeichnet zu funktionieren, um den augenblicklichen Stress bei Hunden festzustellen. Ein Haken dabei ist jedoch, dass die Wärmebildkamera selbst Stress beim Hund auslöst. Kein Hund mag ein Objektiv nahe am Gesicht haben. Im Behandlungszimmer selbst war dies den Hunden eher egal. Dort war anderes relevant. Aber im Wartezimmer wandten die Hunde oft ihre Köpfe vom Fotografen ab. Hier ist also noch Luft nach oben, um die Technik auszufeilen, damit die Hunde nicht von dem Apparat, der den Stress messen soll, selbst gestresst werden.

DIE WISSENSCHAFT ERKLÄRT: FURCHT, UNRUHE UND ANGST

- Die Aufzuchtbedingungen der Welpen während der ersten drei Lebensmonate bestimmen maßgeblich, ob die Hunde als Erwachsene Furcht entwickeln oder nicht.

- Tägliche Bewegung kann Furcht vor plötzlichen Geräuschen bei Hunden entgegenwirken.

- Ältere Hunde und Hündinnen sind geräuschempfindlicher als jüngere Hunde und Rüden.

- Hunde, die alleine im Haushalt leben, zeigen mehr Furcht als Tiere aus Mehrhundehaltung.

- Hunde, die täglich längere Zeit alleine gelassen werden, leiden unter chronischem Stress.

- Trennungsangst bei Hunden kann mit humanen Antidepressiva behandelt werden. Es ist jedoch noch nicht klar, welche Nebenwirkungen sie bei Hunden haben.

- Kortisonbehandlungen können Verhaltensstörungen bei Hunden auslösen.

- Mit Hilfe einer Wärmebildkamera die Temperatur der Augen direkt vor dem Tränenkanal zu messen, kann gute Rückschlüsse auf den augenblicklichen Stresszustand des Hundes vermitteln.

Der tut nix ...

... der will nur spielen! Sie kennen sicherlich diesen Spruch, der oft außer Puste vom Halter eines frei laufenden Hundes gerufen wird? Es gibt kaum eine Sache, die unter Hundehaltern beziehungsweise zwischen Hundehaltern und Menschen ohne Hund für mehr Verdruss sorgt. Kommt ein unangeleinter, fremder Hund angerannt, fühlen sich viele angeleinte Hunde bedrängt und gehen in Verteidigungsstellung. Nicht alle Hunde wollen nämlich nur spielen und die Situation kann leicht aus dem Ruder laufen, wenn einer der Hunde übergriffig wird. Selbst kleine Kinder, die vielleicht eigentlich Hunde lieben, können Angst bekommen, wenn ein Hund aufdringlich wird.

Jährlich werden in Schweden rund 10.000 Menschen schwer von Hunden verletzt und müssen im Krankenhaus behandelt werden. In 50 Prozent der Fälle geht es dabei um Hundebisse: Oft sind Hundehalter die Opfer, weil sie in einen Hundestreit eingegriffen haben oder ein Spiel mit dem Hund ausgeufert ist. Grundlos beißen Hunde Menschen eher selten. In nur zehn Jahren ist in Schweden allerdings die Zahl der Opfer nach Hundeangriffen, die stationär behandelt werden mussten, um vierzig Prozent gestiegen: von 227 Personen 2002 auf 326 Personen 2012. Mehrere Forschungsartikel haben in den letzten Jahren ermittelt, welche Gruppen am gefährdetsten sind und wie Hundehalter und Nichthundehalter mithelfen können, Angriffe zu vermeiden.

In den USA werden doppelt so viele Menschen nach einem Hundebiss im Krankenhaus behandelt wie in Schweden. In Nordwest-Florida zum Beispiel zeigten James Matthias et al., dass gut

400 Personen pro Jahr nach einem Hundeangriff ins Krankenhaus müssen. Kinder unter fünf Jahren sind überdurchschnittlich betroffen und in neunzig Prozent der Fälle hat der Familienhund oder ein anderer bekannter Hund das Kind zu Hause angegriffen. Auch Schulkinder sind überdurchschnittlich oft betroffen. Diese werden aber gleich oft auch von fremden Hunden angegriffen. Nicht so oft gebissen werden Jugendliche und Erwachsene. Wenn das geschieht, dann oft, weil sie streitende Hunde auseinander bringen wollten. Dies gilt nicht nur für die USA, auch in vielen anderen Industrieländern und auch Entwicklungsländern sieht es ähnlich aus.

In Schweden kommen jährlich mehr als 400 Kinder nach Hundebissen in die Notaufnahme und auch hier geschehen die meisten Vorfälle zu Hause oder bei Bekannten. Ein Grund ist, dass die Kinder den Hund beschmusen und umarmen. In der Regel geht das auch gut, denn die meisten Hunde sind von

Ein angeleinter Hund fühlt sich bedrängt und geht in Verteidigungsstellung, wenn ein unangeleinter, fremder Hund angerannt kommt. Nicht alle Hunde wollen nur spielen und die Situation kann leicht aus dem Ruder laufen.

„Welpenbeinen" an sozialisiert und akzeptieren das. Manchmal jedoch wird es zu intensiv und der Hund fühlt sich bedrängt und bedroht. Es kommt aber auch vor, dass der Hund sein Essen, Revier oder seine Welpen verteidigt. Manchmal liegen aber auch einfach Verhaltensstörungen vor oder die Hunde sind auf Aggressivität trainiert. Die meisten Unfälle könnten vermieden werden, wenn man kleinere Kinder nicht mit Hunden alleine ließe.

Als recht erfolgreich erwiesen sich Informationskampagnen für Kinder der Klassen eins bis drei, wie die Signale des Hundes zu verstehen sind. Die Kampagnen hießen beispielsweise *Be Aware, Re-sponsible and Kind* – BARK (Sei wachsam, umsichtig, freundschaftlich und friedlich – WUFF) und *Prevent-a-Bite* (Bissprävention). Aber in letzter Zeit kamen Lehrer und Wissenschaftler zu dem Schluss, dass bereits in der Vorschule mit einer Hundeausbildung begonnen werden müsse. Kinder im Kindergartenalter missverstehen Hundesignale nämlich leichter und haben dazu noch öfter Kontakt mit Hunden als Schulkinder.

Können jedoch drei- bis fünfjährige Vorschulkinder nach zehn-minütiger Anleitung die Stimmung von Hunden verstehen lernen? 36 Kinder bekamen 14 Kurzvideos mit unterschiedlichen Rassehunden zu sehen, die freundlich, ängstlich oder aggressiv waren. Die Wissenschaftler Nelly Lakestani und Morag Donaldson erzählten den Kindern, wie die Stimmung der Hunde zu deuten sei und wie man die Stimmung bei Hunden am besten ablesen kann, zum Beispiel: „Dieser Hund ist glücklich. Er wedelt mit dem Schwanz und begrüßt die Person". Nach einer kurzen Anleitung und anschließender Diskussion wurden die Kinder „getestet", indem sie ganz andere Hunderassen präsentiert bekamen, die freundliches, ängstliches und aggressives Verhalten zeigten. Auch wenn es den Vorschulkinder leichter fiel, die Stimmungen bei den gezeigten Hunderassen zu deuten, verstanden sie dennoch auch die Verhaltensweisen der neuen Hunderassen. Wenn man bedenkt, dass 31 Prozent der britischen Haushalte einen Hund haben und dass hauptsächlich Vorschulkinder gebissen werden, war die Informationskampagne einfach ein Erfolg. Die Kinder hatten gelernt, wann man sich einem Hund nähern darf oder wann besser nicht.

Neben Kindern werden auch Frauen oft Opfer von Hundebissen. Die schwedische Zivilschutzbehörde Myndigheten för samhällsskydd och beredskap (MSB) belegt, dass Frauen jeglichen Alters eher Bisse erleiden als Männer. Es klingt erst einmal unlogisch, denn Studien zeigen auf der anderen Seite, dass Hunde in Gegenwart von Frauen entspannter und gegenüber Männern wachsamer sind, siehe „Wie fühlt sich Ihr Hund gemeinsam mit Ihnen?". Vielleicht liegt es einfach daran, dass mehr Frauen als Männer Hunde haben oder dass Frauen mehr mit den Hunden machen als Männer und daher öfter Ziel von Aggressionen werden?

Die meisten Verhaltensexperten gehen davon aus, dass fast alle Beißvorfälle vermeidbar wären, wenn man Körpersprache und Signale des Hundes verstünde. Ist es wirklich so einfach? Zwei englische Wissenschaftlerinnen, Carri Westgarth und Francine Watkins, führten Tiefeninterviews mit acht Frauen, die in den letzten fünf Jahren gebissen worden waren. Sie waren zwischen zwanzig und sechzig Jahren alt, fünf Hundehalterinnen und drei ohne Hund. Allen gemeinsam war, dass sie vor dem Vorfall der Meinung waren, dass „es ihnen schon nicht passieren würde". Nach dem Vorfall waren sich alle einig, dass es ihr Fehler oder der des Hundehalters sei, aber nicht der des Hundes. Alle fanden sich kompetent genug, aggressives Verhalten zu erkennen, das zu einem Biss führen kann. Es gab viele Gründe der Hunde, keinen anderen Ausweg als beißen zu sehen und in einigen Fällen geschah dies ohne Vorwarnung. Einige Beispiele: Eine Frau schmuste mit einem schlafenden Hund, der plötzlich aufwachte und zubiss, eine andere Frau war dabei, verfilzte Stellen aus dem Fell zu ziehen, was dem Hund wehtat und er verteidigte sich, eine dritte Frau ging mit der Zeitung zum Nachbarn und der unausgelastete Hund des Nachbarn ging auf sie los.

Um zukünftig Hundebisse zu vermeiden, empfehlen die Forscher, den Hunden ein Umfeld zu bieten, in dem sie sich nicht falsch verhalten können. Wie auch Menschen reagieren Hunde auf gleiche Reize unterschiedlich. Bestimmte Hunde werden getriggert, wenn sie aus dem Tiefschlaf geholt werden, andere beim Anblick eines fremden Hundes im eigenen Revier. Weiß man um solche auslösenden Situationen, kann man lernen, sie komplett zu vermeiden. Die zweite Empfehlung lautet, dass wenn es zu einem Hundeangriff kommt, man schwere Verletzungen vermeiden lernen soll. Die englische Informationsbroschüre für Kinder ermutigt zum Beispiel zu „stehen wie ein Baum" oder sich „wie ein Ball zusammen zu rollen".

Eine tschechische Forschergruppe untersuchte, wie Menschen sich direkt nach einem Hundebiss ins Gesicht verhalten. Vielleicht können wir davon lernen, bestimmtes Verhalten zu vermeiden, um Angriffen vorzubeugen? Von den insgesamt 132 ins Gesicht gebissenen Personen, waren die meisten Kinder unter zwölf Jahre. Folgende Verhaltensweisen triggern Hunde laut der Studie: sich über sie beugen (76 Prozent aller Angriffe), mit dem Gesicht nah an sie herangehen (19 Prozent) oder sie durchdringend anstarren (5 Prozent). Fast alle Angriffe fanden im Zuhause oder Garten der Hunde statt und die Bissopfer kannten die Hunde. Laut der Opfer erfolgten die Angriffe in den meisten Fällen ohne Vorwarnung, in nur sechs Prozent knurrte der Hund oder zog die Lefzen vor dem Biss hoch. In mehr als fünfzig Prozent der Fälle waren Erwachsene anwesend. Es reicht also nicht immer, dass die Halter oder Eltern anwesend sind, um einen Angriff abzuwehren und offenbar ist das Überbeugen über den Hund ein echtes Risikoverhalten. Wie schon in früheren Studien gibt es anscheinend nicht nur eine Erklärung, warum sich Hunde so bedrängt fühlen, dass sie Beißen als einzigen Ausweg sehen.

Den Hundehaltern ist meistens klar, wenn ihre Hunde anormales, aggressives Verhalten an den Tag legen. Die Frage ist jedoch, ob alle Hundehalter verstehen, wie sie mit solchen Hunden umgehen sollten. Zu dieser Frage kamen Paolo Mongillo et al., nachdem sie 176 Hunde gefilmt hatten, die mit ihren Haltern in Padua in Norditalien unterwegs waren. Erst anschließend fragten die Forscher, ob die Hundehalter an der Studie teilnehmen und Fragen beantworten wollten und wie oft ihre Hunde problematisches Verhalten zeigten. Obwohl ihnen die Problematik klar war, versuchten Halter „schwieriger Hunde" nicht öfter, Vorfällen vorzubeugen als Halter von freundlichen Hunden. „Schwierige Hunde" zeigten auch weniger Interesse für ihre Halter und suchten nicht den Kontakt zu ihnen, um sich in Situationen, die Potenzial für aggressive Verhaltensweisen hatten, Rat zu holen. Ich setze die „schwierigen Hunde" in Gänsefüßchen, weil es korrekter wäre, hier die schwierigen Halter anzuführen. Hunde sind eher selten gefährlich, sondern es sind ihre unaufmerksamen Halter, die dafür sorgen, dass die Hunde zur Bedrohung werden.

DIE WISSENSCHAFT ERKLÄRT:
DER TUT NIX ...

- Frauen laufen eher Gefahr gebissen zu werden als Männer.

- Kindergarten- und Grundschulkinder werden öfter gebissen als ältere Kinder, junge Erwachsene und Erwachsene.

- In den meisten Fällen werden Kinder von Hunden gebissen, die sie kennen.

- Bereits in der Vorschule können Kinder lernen, wann sie sich einem Hund gefahrlos nähern können und wann besser nicht.

- Hunde können sich bedrängt fühlen, wenn Menschen sich über sie beugen und sehen keinen anderen Ausweg, als zu beißen.

- Den Haltern ist in der Regel bewusst, dass ihre Hunde in bestimmten Situationen unnormales, aggressives Verhalten an den Tag legen. Es ist ihre Verantwortung, ihren Hunden diese Situationen zu ersparen.

- Jährlich werden in Schweden rund 5.000 Menschen so schwer von Hunden verletzt, dass sie im Krankenhaus behandelt werden müssen.

- Die meisten brauchen nur eine Wundversorgung, aber mehr als 200 Erwachsene und 75 Kinder müssen jährlich stationär behandelt werden. In nur 10 Jahren hat sich die Anzahl der Verletzten um 40 Prozent erhöht.

Hunde aus dem Tierschutz

Das Schicksal des Straßenhundes Arthur ging vor gar nicht langer Zeit um die Welt. Alles begann damit, dass der Sportler Mikael Lindnord im Dschungel Ecuadors Arthur während einer Rast eines Extremsport-Events, in dem es um die Weltmeisterschaft ging, Fleischbällchen zuwarf. Arthur wich fortan nicht mehr von der Seite des Team-Kapitäns Mikael Lindnord und folgte ihm durch sämtliche harten Etappen. Arthur hatte seine Entscheidung getroffen und heute lebt dieser weltberühmte Hund ein sicheres und geordnetes Leben in Schweden.

Viele Menschen haben ein Herz für Streuner, die überall auf der Welt ein hartes Leben führen. Immer öfter werden Straßenhunde aus beispielsweise Spanien, Griechenland und Rumänien adoptiert, um ihnen wie Arthur eine Chance zu geben. Man darf dabei jedoch nicht die eigenen Tierheimhunde vergessen, die auch ein neues Zuhause suchen. Es lässt sich nur schwer feststellen, wie viele Hunde in Schweden auf eine Adoption warten. Aus anderen Ländern der westlichen Welt gibt es jedoch erschreckende Zahlen von jährlich abgegebenen Hunden: Rund vier Millionen in den USA, eine halbe Millionen in Japan, 140.000 in Kanada und 130.000 in Großbritannien. Wie kommen Hunde mit einem Tierheimaufenthalt klar und welche Hunde haben Glück, ein neues Zuhause zu finden?

Eine tschechische Forschergruppe um Jiri Zak wollte herausfinden, ob es bestimmte Muster gibt, welche Hunde schneller

adoptiert werden. Dieses Wissen ist wichtig, um den „weniger gewünschten" Hunden bessere Startbedingungen zu geben. In der Studie wurden nicht die Rassen, sondern Alter, Geschlecht und Größe berücksichtigt. Im Verlauf von vier Jahren nahm ein Tierheim in Tschechien annähernd 4.000 herrenlose Hunde auf. 1.500 von ihnen konnten den Besitzern nach kurzer Zeit wieder übergeben werden, während für die restlichen kein Zuhause ausfindig gemacht werden konnte. Niemanden wird es verwundern, dass jüngere Hunde schneller adoptiert wurden als ältere. Hunde über sechs Jahren verblieben dreimal so lange im Tierheim als Hunde unter einem Jahr. Jüngere Hunde werden vermutlich lieber genommen, weil ältere Hunde eher gesundheitliche Probleme und damit teure Tierarztkosten bedeuten. Für ältere Hunde ist das Tierheim daher häufiger die letzte Station im Leben. Ähnlich wie bei anderen Studien dieser Art zeigte die tschechische Forschergruppe, dass Hündinnen leichter als Rüden adoptiert werden. Hündinnen werden im Gegensatz zu Rüden als ruhiger und weniger aggressiv beurteilt. Die tschechischen Forscher mutmaßen jedoch auch, dass die Beliebtheit bestimmter Hunde damit zusammenhängt, dass Menschen einen Hang zum Außergewöhnlichen haben. In den Tierheimen findet man oft weder Hündinnen noch sehr große Hunde mit einer Rückenhöhe über 65 cm bzw. gehören diese in die Gruppe, die immer gleich schnell weitervermittelt wird. Auch kleine Hunde mit einer Rückenhöhe unter 35 cm finden schneller ein neues Zuhause als „normal große" Hunde.

Viele zukünftige Halter wissen zweifelsohne im Vorfeld, welches Alter, Geschlecht und welche Größe ihr Hund haben sollte. Wenn sie jedoch erst einmal im Tierheim sind, kann es durchaus sein, dass sie von der Persönlichkeit eines „falschen" Hundes verzaubert werden. Soziale und kontaktsuchende Hunde sind unwiderstehlich und dann spielt es auf einmal keine Rolle mehr, dass der Hund anders aussieht als ursprünglich gedacht. Wie aber bekommt man Tierheimhunde dazu, sich von ihrer besten Seite zu präsentieren, wenn Besucher kommen? Optimal wäre es, wenn sie so gut drauf wären, dass potenzielle Halter ihnen nicht widerstehen können. Natürlich geht es nicht darum, zukünftige Halter hinters Licht zu führen. Aber die Chancen für soziale Interaktion zwischen Hund und möglichem Halter sollten beim ersten Treffen so gut wie möglich sein. Die amerikanischen Wissenschaftler Alexandra Protopopova et al. untersuchten, ob strukturiertere erste Treffen zwischen Hund und möglichem Halter die Chance auf Adoption erhöhen. Vor dem Treffen mit dem potenziellen Halter hatten die Forscher daher ermittelt, welche Spielsachen die Hunde am liebsten hatten. Hund und möglicher Halter lernten sich in einem kleinen Außengehege ($7 \times 4\,m$) für zwei Minuten kennen. Anschließend gab es ein Spiel mit dem Lieblingsspielzeug und nach jedem erfolgreichen Apportieren bekam der Hund ein Leckerchen. Die Wissenschaftler machten es vor und dann durften die angehenden Halter übernehmen. Sobald eine Seite die Lust am Spiel verlor, legten die Forscher dem Hund eine kurze Leine an und versuchten, ihn nah am Halter abzulegen, indem sie mit Leckerchen lockten.

Am Ende verglichen die Forscher, wie viele dieser Hunde adoptiert wurden gemessen an der Kontrollsituation, in der sie die Hunde nicht aktiviert hatten und lediglich eine große Kiste mit allen möglichen Spielsachen mitten im Gehege stand. Sowohl in der Versuchs- als auch in der Kontrollsituation beantworteten die Wissenschaftler alle Fragen rund um den Hund, ließen jedoch sein Verhalten unerwähnt. Die Chancen, adoptiert zu werden, erhöhten sich um den Faktor 2,5 nach den strukturierteren Treffen, in denen die Hunde ihre beste Seite präsentieren konnten. Die Forscher kamen zu dem Resümee, dass angehende Besitzer Hunde zuerst nach Aussehen und Hintergrundinformationen beurteilen. Was jedoch letztlich zur Adoption führt, sind das Verhalten und die soziale Kompetenz in der Interaktion. Zweifel, ob die neuen Halter sich von der Art des ersten Treffens getäuscht vorkamen, wurden widerlegt. Ein anschließend an alle Besucher ausgeteilter Fragebogen zeigte, dass sie das strukturiertere Treffen mit den Hunden keineswegs als manipulativ aufgefasst hatten.

Als weitere Art, die Passung zwischen Hund und angehendem Halter zu fördern, werden auch Persönlichkeitstests der Hunde durchgeführt. Damit sollen sich mutmaßlich die Chancen für stimmige Temperamente bei Hund und Halter erhöhen. Ein Forscherteam aus Australien unter Kate Mornement wandte ein speziell entwickeltes Protokoll namens *Behavioural Assessment for Rehoming K9*, kurz BARK, an (Bellen auf Deutsch). Die Wissenschaftler ließen die Hunde eines Tierheimes testen und anschließend suchten sie die neuen Halter nach vier Monaten auf, um zu ermitteln, wie gut der Test mit der Hundepersönlichkeit übereinstimmte. Falls Sie das Kapitel über die „Welpentests" bereits gelesen haben, ahnen Sie die Antwort: Überhaupt nicht gut! Erst im Zusammenspiel von Hund und Halter können wir ein wirklichkeitsnahes Bild von der Hundepersönlichkeit bekommen. Die einzigen voraussagbaren Verhalten außer Bellen waren solche, die in Ängstlichkeit und Unruhe eines Hundes begründet waren, hingegen nicht bei Aggression oder anderen Verhaltensstörungen. Ein Viertel der neuen Halter gab an, dass ihre Hunde seit der Adoption geknurrt, angegriffen oder jemanden zu beißen versucht hatten. Und fast 75 Prozent sagten, dass ihre Hunde Verhalten zeigten, an dem sie möglichst arbeiten wollten. Aber gleichzeitig meinte gut die Hälfte der Halter, dass sie sehr zufrieden mit dem Verhalten ihrer Hunde seien und über 70 Prozent fanden, dass die Adoption aus dem Tierheim ihre

Erwartungen erfüllt habe. Anders ausgedrückt hatten sie offenbar ein ganz realistisches Bild von dem, was auf sie zukommt: Viele der Hunde tragen ein Päckchen mit sich, wodurch sie neue, fremde Situationen nicht immer souverän meistern können.

Die ersten Tage im Tierheim sind in der Regel sehr stressig für Hunde. Der Kortisolspiegel im Blut lässt erkennen, dass die Hunde die ersten drei bis vier Tage sehr gestresst sind. Haben sich die Hunde aber erst an die neue Situation gewöhnt, sinkt das Stressniveau und nach etwa einer Woche hat es sich normalisiert. Was sollte also das Personal unternehmen, um den Hunden den Übergang zu erleichtern und den Stressausschlag zu lindern? Klassische Musik ist eine Maßnahme, genauso wie Hunden ein Hörbuch vorzuspielen (siehe Kapitel „Musik für alle"), eine andere ist es, den Hund zu massieren. Liegt es nicht nahe, dass Hunde wie wir eine Massage zur Entspannung schätzen? Eine amerikanische Forschergruppe unter Emily Dudley untersuchte, ob Massagen vielleicht sogar das Immunsystem bei Hunden stärken können. Eine halbe Stunde täglich während der ersten zehn Tage im Tierheim bekamen Hunde eine Kopf, Nacken- und Schultermassage. Der Masseur sprach ruhig mit den Hunden und streichelte sie hin und wieder während der Massage. In der Kontrollgruppe lagen die Hunde während der zehn Tage täglich eine halbe Stunde alleine auf einer Decke. Am ersten und letzten Tag nahmen die Forscher Blutproben von den Hunden, um zu ermitteln, ob die Massagen den Stress reduzierten und das Immunsystem stärkten. Die Anzahl der weißen Blutkörper, Leukozyten, Lymphozyten und Neutrophile waren nach zehn Tagen in beiden Gruppen gleich. Allerdings zeigten die massierten Hunde wesentlich niedrigere Stressniveaus sowohl nach jeder Behandlung als auch nach zehn Tagen. Selbst wenn die Massage das Immunsystem nicht stärkt, hilft sie den Hunden aber, sich besser an die neue, hoffentlich vorübergehende Situation im Tierheim anzupassen.

Tägliche Massagen gehören nur leider nicht zum Standardprogramm der meisten Tierheime… Es gibt aber viele andere, kleinere Kniffe, das Leben im Heim zu bereichern und den Hunden mehr Lebensqualität zu bieten. Die englischen Forscher Jenna Kiddie und Lisa Collins testeten ein unlängst entwickeltes Protokoll, um zu bewerten, welche Maßnahmen bei 200 Hunden in 13 Tierheimen am besten funktionierten. Die Pfleger mussten eine Vielzahl Fragen beantworten, welche Umgebungsbedingungen oder Pflegemaßnahmen aus Sicht der Hunde positiv oder negativ auf ihre Lebensqualität einwirkten. Es wurden also keine Verhaltensstudien unternommen, sondern die Pfleger mussten für die Hunde Stellung beziehen.

Das Ergebnis zeigte, dass die Heime selbst, ihre Gestaltung und Umgebung nur eine untergeordnete Rolle spielten. Die Lebensqualität der Hunde stieg jedoch, wenn sie ein Hochbett zur Verfügung hatten und es relativ ruhig im Raum war. Das Hochbett ließ den Raum spannender und ausgestatteter erscheinen, ähnlich wichtig war die Möglichkeit, einen Überblick über Dinge zu bekommen, die weiter weg passieren. Genau wie bei uns Menschen ist es für Hunde frustrierend, etwas zu hören, aber nicht sehen zu können. Auch verschiedene Formen physischer Aktivität waren entscheidend für das Wohlbefinden der Hunde, ganz besonders, wenn Trainigseinheiten länger als eine halbe Stunde dauerten und eher seltene Aktivitäten wie Schwimmen beinhalteten. Für die Hunde war es eindeutig besser, jeden Tag einmal rauszukommen und länger draußen zu sein als mehrmals und dafür kürzere Zeit. Die Wissenschaftler glauben, dass die Hunde im Tierheim zu überdreht werden, wenn sie mehr als einmal am Tag rauskommen. Die Situation kann regelrecht chaotisch werden, wenn viele aufgekratzte Hunde gleichzeitig rauskommen.

DIE WISSENSCHAFT ERKLÄRT:
HUNDE AUS DEM TIERSCHUTZ

- Hunde unter einem Jahr und Hündinnen werden schneller aus dem Tierheim adoptiert als ältere Hunde und Rüden.

- Kleine Hunde mit einer Rückenhöhe unter 35 cm und richtig große Hunde mit einer Rückenhöhe über 65 cm finden schneller ein neues Zuhause als mittelgroße und große Hunde.

- Ein „strukturiertes" erstes Treffen zwischen Hund und möglichem Halter erhöht die Chancen für eine Adoption enorm. Hierzu gehören ein Spiel mit dem Lieblingsspielzeug und die Möglichkeit, den Hund neben dem potenziell neuen Halter liegen zu lassen.

- Persönlichkeitstests, die Tierheime durchführen lassen, geben kein vollständiges Bild des Verhaltens des Hundes in seinem neuen Zuhause.

- Der Stresspegel bei neu aufgenommenen Hunden wird durch Massage gemildert, die Massage lässt sie jedoch nicht widerstandsfähiger gegen Krankheiten werden.

- Ein Hochbett und tägliche längere Trainingseinheiten sorgen für eine höhere Lebensqualität von Hunden im Tierheim.

Die Gesundheit des Hundes

In diesem Kapitel greife ich Faktoren auf, die maßgeblich mitbestimmen, wie alt Ihr Hund werden kann. Sowohl Hunde als auch Menschen erkranken immer öfter an sogenannten Zivilisationskrankheiten als Folge von Übergewicht. Mehr Auslauf und weniger, aber dafür besseres Futter stellen Lösungsansätze dar. Am Ende zeige ich auf, welche Infektionen durch Hundekot drohen können.

Für immer jung?

Der Traum vom ewigen Leben! Stellen Sie sich vor, wir und unsere Hunde könnten länger zusammen leben. Und zwar nicht nur ein längeres Leben, sondern auch frei von altersbedingten Krankheiten und Zipperlein, die häufig im höheren Alter auftreten. Mehr denn je gelingt es heutzutage, Alterskrankheiten wie Krebs und Herzleiden bei Hund und Mensch zu behandeln. Wäre es aber nicht doch klüger, eher die Ursachen, die uns altern lassen, in Angriff zu nehmen? Dann könnten wir vielleicht die Entstehung dieser Krankheiten nicht nur verzögern, sondern gar verhindern.

Ein amerikanisch-englisches Forscherteam um Kate Creevy veröffentlichte 2016 einen Übersichtsartikel in *Perspectives in Medicine*, in dem sie die bislang bekannten Faktoren zusammenfassten, die Alterungsprozesse beim Hund verzögern. Die Lebenserwartung von Hunden liegt bei durchschnittlich zwölf Jahren, variiert jedoch von Rasse zu Rasse: Manche erreichen lediglich sechs Jahre, während andere bis zu sechzehn Jahre alt werden können. Erstaunlicherweise unterscheiden sich Familienhunde von den meisten anderen Säugetieren, bei denen die größeren Arten eine längere Lebenserwartung haben als die kleineren. Bei Hunden leben stattdessen die kleineren Rassen wie zum Beispiel Chihuahua oder Toypudel länger als größere Rassen wie Deutsche Dogge oder Irischer Wolfshund.

Wissenschaftler haben ermittelt, dass die durchschnittliche Lebenserwartung um sechs bis zwölf Monate pro zehn Kilogramm mehr Körpergewicht sinkt. Noch ist unklar, warum das so ist. Fest steht nur, dass bei allen Rassen das Krebsrisiko dramatisch mit dem Alter zunimmt. Bei kleineren Rassen jedoch beginnt im Vergleich zu den größeren Rassen das Risiko erst später im Leben zu steigen. Die Forscher diskutieren den Einfluss eines insulinähnlichen Wachstumshormons, IGF-1, dessen Konzentration im Organismus bei unterschiedlich großen Rassen variiert. In Laborversuchen mit Mäusen konnte man einen Zusammenhang zwischen IGF-1-Konzentration und Lebenserwartung sehen. Dies lässt sich natürlich nicht ohne Weiteres auf die Lebenserwartung von Hunden übertragen.

Wie bei den Menschen treten auch beim Hund im Alter zunehmend allerlei Beschwerden auf: Gliederschmerzen, Muskelschwäche, schwächelndes Sehvermögen und Gehör sind übliche Begleiterscheinungen im Leben älterer Hunde. All dies führt jedoch selten zum Tod. Abgesehen von bestimmten Krankheiten, die bestimmte Hunderassen überproportional treffen – wie beispielsweise Kardiomyopathie beim Dobermann, Dackellähme beim Dackel und Diabetes beim Zwergschnauzer – ist Krebs die häufigste Todesursache. Einer von sechs Hunden stirbt laut der internationalen Datenbank *VetCompass*, die Informationen von rund 500 Tierkliniken und über zwei Millionen Hunden bereithält, an Krebs. Lebten Hunde jedoch länger, wenn der Krebs eines Tages besiegt würde? Um dies zu beantworten, führten Dan O'Neill et al. aufwändige Datensimulationen mit Hilfe der Daten von *VetCompass* und einer weiteren Datenbank durch. Erstaunlicherweise ergab sich nach Entfernung von Krebs als Todesursache kein Unterschied für die Lebenserwartung. Egal, welche Krankheit überprüft wurde, blieb alles beim Alten. Krankheiten in jungem Alter entgegenwirken und das Altern möglichst lange herauszögern sind die Schlüssel für ein langes Leben. Die

Todesursache ist letztendlich nur der Tropfen, der das Fass zum Überlaufen bringt. Gleiches gilt für den Menschen: Unsere Lebenserwartung hat sich in den letzten 180 Jahren verdoppelt, woran entscheidend die erheblich gesunkene Kindersterblichkeit beteiligt ist und nicht die besseren Behandlungsmöglichkeiten von Krebs und anderen tödlichen Krankheiten.

Was aber können Sie als Hundehalter aus den obigen Erkenntnissen ziehen? Was den Hunden in der Regel ein längeres Leben beschert, sind Kastrationen in jungem Alter. Kate Creevy et al. analysierten die Informationen von über 40.000 Hunden vieler verschiedener Rassen und Altersstufen. Die Forscher fanden heraus, dass nach einer Kastration Hündinnen durchschnittlich 26 Prozent und Rüden 14 Prozent länger lebten und das, obwohl bei kastrierten Hunden das Risiko steigt, an bestimmten Krebsarten zu sterben! Einzig bei den Gesäugeleistentumoren senkt die Kastration das Erkrankungsrisiko. Diese Risiken wurden jedoch aufgewogen durch ein vermindertes Risiko an Traumen, Infektionskrankheiten, Gefäß- und degenerativen Erkrankungen wie ALS oder Alzheimer zu sterben. Die meisten Hunde werden bei Eintritt der Geschlechtsreife oder gleich anschließend kastriert. In der Regel tritt die Geschlechtsreife im Alter von einem Jahr ein, bei bestimmten kleinen Hunderassen jedoch schon im Alter von fünf, sechs Monaten und bei größeren Rassen erst mit zwei Jahren.

In Schweden erhält man zu seinem hundertsten Geburtstag ein Glückwunschtelegramm vom Königspaar. Ein so achtbares Alter erreicht zu haben, muss einfach gefeiert werden! Der Weg dorthin verläuft allerdings nicht immer schnurgerade. Die amerikanischen Wissenschaftler Jessica Evert et al. gehen von drei wesentlichen Aspekten aus, um ein Alter von hundert Jahren zu erreichen: alterstypische Krankheiten wie Krebs „überleben", „nach hinten verschieben" oder „erst gar nicht erleiden". Auch bei Hunden scheint es diese „Strategien" zu geben. Wenigstens nehmen Kate Creevy et al. dies an, da die Anzahl der Hunde, die im Alter von vierzehn bis achtzehn an Krebs starben, signifikant niedriger lag als die Anzahl der an Krebs gestorbenen Hunde im Alter von sechs bis zwölf Jahren. Haben diese Hunde den Krebs nur nach hinten vertagt oder erkrankten sie einfach nicht daran und können nun das Alter genießen? Dies lässt sich wissenschaftlich derzeit nicht beantworten, unter anderem, weil zu wenige Hunde eines natürlichen Todes sterben (in einer britischen Studie fanden Dan O'Neill et al. heraus, dass 86 Prozent aller älteren Hunde eingeschläfert wurden).

Ein Team aus Holland, Italien, Japan und den USA um den holländischen Forscher Sameh Youssef veröffentlichte im Jahr 2016 einen Übersichtsartikel in *Veterinary Pathology*, in dem die Ergebnisse aus über 200 Studien unterschiedlicher Hirnerkrankungen bei Hunden und anderen Tieren zusammengefasst wurden. Die häufigste Form der altersabhängigen Demenz bei Menschen ist Alzheimer. Das Gehirngewebe wird allmählich zerstört, weil im Großhirn Zellen schrumpfen und absterben. Frühsymptome sind Gedächtnisverlust sowie Schwierigkeiten, Pläne zu entwickeln und alltägliche Aufgaben durchzuführen. Nach und nach verschlechtern sich auch der Bezug zum Zeitverlauf, das Sprechvermögen und weitere kognitive Kompetenzen. Auch Hunde können ähnliche Veränderungen im Gehirn und eine Abnahme kognitiver Kompetenzen wie Menschen erleiden. Bei Hunden heißt es allerdings nicht Alzheimer, sondern CDS, *Kognitives Dysfunktionssyndrom.* Unsere Hunde werden immer älter. In den USA gibt es beispielsweise sechs Prozent mehr Hunde

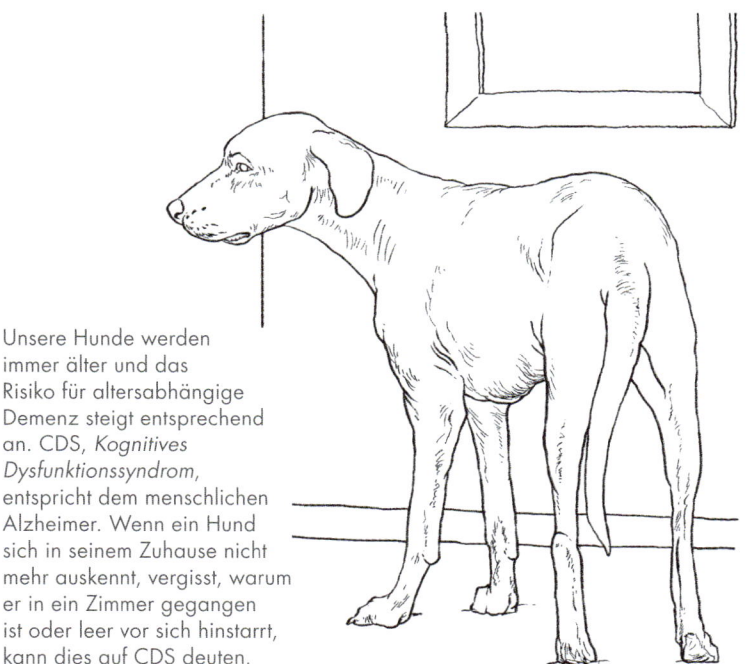

Unsere Hunde werden immer älter und das Risiko für altersabhängige Demenz steigt entsprechend an. CDS, *Kognitives Dysfunktionssyndrom*, entspricht dem menschlichen Alzheimer. Wenn ein Hund sich in seinem Zuhause nicht mehr auskennt, vergisst, warum er in ein Zimmer gegangen ist oder leer vor sich hinstarrt, kann dies auf CDS deuten.

über sechs Jahren als vor zwanzig Jahren. Das Risiko einer altersabhängigen Demenz bei Hunden ist entsprechend gestiegen.

Ein einfacher Test des räumlichen Merkvermögens lässt bereits im frühen Alter erkennen, ob ein Hund an CDS leidet. Für diesen Test zeigen Sie Ihrem Hund deutlich, wie Sie ein Leckerchen unter einen Gegenstand legen. Nach diesem ersten Test darf der Hund das Leckerchen fressen. Anschließend warten Sie eine Weile und verstecken dann erneut ein Leckerchen unter dem gleichen Gegenstand, der dann jedoch woanders liegt. Der Hund darf nicht zugucken, wenn Sie den Gegenstand anderswo platzieren. Wenn etwas mehr Zeit verstrichen ist, erinnert sich ein Hund mit CDS schwerer daran, dass eine potenzielle Belohnung unter dem Gegenstand wartet. Verschlechtert sich die Fähigkeit während eines Testzeitraums von einigen Monaten oder Jahre schrittweise, liegt das Problem auf der Hand. Andererseits lässt es sich aber auch nur schwer feststellen, was „normale

Vergesslichkeit" bei älteren Tieren ist. Hunde mit CDS zeigen auch weniger Interesse am Miteinander mit Menschen und wandern oft ziellos umher. Interessant ist, dass Hunde mit CDS auf ihr eigenes Spiegelbild mehr reagieren als gleichaltrige Hunde ohne CDS und jüngere Hunde. Wissenschaftler gehen davon aus, dass sie sich im Spiegel nicht mehr wiedererkennen. Bei Menschen mit fortgeschrittenem Alzheimer lässt sich Gleiches vor dem Spiegel beobachten. Wie bei Alzheimer gibt es keine Heilung für Hunde mit CDS. Die Krankheitssymptome lassen sich jedoch mit Medikamenten und unterschiedlichen Übungen lindern, weshalb eine zeitige Diagnose wichtig ist.

DIE WISSENSCHAFT ERKLÄRT: FÜR IMMER JUNG

- Die durchschnittliche Lebenserwartung von Hunden liegt bei zwölf Jahren, variiert jedoch von sechs bis sechszehn Jahren je nach Rasse.

- Kleinere Rassen werden in der Regel älter als große Rassen.

- Krebs ist die häufigste Todesursache bei Hunden.

- Das erhöhte Risiko, nach einer Kastration an Krebs zu erkranken, wird kompensiert durch das verminderte Risiko, Traumen, Infektionskrankheiten, Gefäß- oder degenerative Erkrankungen zu erleiden.

- Hunde können wie Menschen ein ähnliches Krankheitsbild wie Alzheimer entwickeln.

- Es gibt derzeit noch keine Heilung für degenerative Krankheiten. Die Symptome lassen sich jedoch durch Medikamente und Übungen lindern, insbesondere bei früher Diagnosestellung.

Übergewicht und Fettleibigkeit

Ein gutes Essen lässt die Sorgen vergessen! Heute ist es eher umgekehrt. Wir essen uns noch regelrecht zu Tode durch die unheilvolle Kombination aus zu wenig Bewegung und viel zu viel Fastfood. Immer öfter sind Hunde und Menschen von Diabetes, hohem Blutdruck, Gelenkproblemen und Herzkreislaufkrankheiten betroffen. Übergewicht bis hin zu massivem Übergewicht, sogenannter Fettleibigkeit, führen zu diesen Zivilisationskrankheiten. Studien zeigen, dass in den Industrieländern zwischen 25 und 60 Prozent der Hunde fettleibig sind. Halter fühlen sich leicht überfordert und es gibt viele Fragen: Hat mein Hund Übergewicht? Wie helfe ich meinem Hund, sein Gewicht zu halten? Wie viel soll ich füttern? Kann der Hund unsere Essensreste bekommen? Und was unternehme ich, wenn mein Hund zu viel wiegt? Grob betrachtet kommt es zu Übergewicht, wenn der Hund mehr Energie (Futter) zu sich nimmt als er sich abtrainiert (Bewegung). Aber man muss doch noch etwas genauer hinsehen.

Wölfe machen bekannterweise nicht jeden Tag Beute. Wenn sie jedoch einen Elch erlegen, können Wölfe mehrere Kilo während einer „Mahlzeit" verschlingen. Irgendwie müssen Wölfe also ein Anpassungssystem haben, das das Sättigungsgefühl regelt, um mit langen, erzwungenen Fastenzeiten und dazwischenliegenden kurzen Phasen von Fressorgien klar zu kommen. Einige Hunde machen es ähnlich wie die Wölfe: Sie

schlingen ihr Futter herunter, ohne erkennbar zu kauen. Bei uns Menschen ist eine Strategie, Übergewicht zu vermeiden, langsames Essen und gründliches Kauen. Verdauung und Nährstoffaufnahme funktionieren dann effektiver – man ist schon nach kleineren Mengen satt. Eine japanische Forschergruppe um Nobuyo Ohtani zeigte kürzlich, dass dies auch für Hunde gilt. Die Wissenschaftler filmten 56 Hunde aus 21 Rassen während des Fressens. Ausgehend von den Aufnahmen wurden sie in drei Gruppen eingeteilt: „schnelle Schlinger", „langsame Sorgfältigkauer" und „Liegenlasser", die nicht alles auffraßen. Es zeigte sich, dass die Konzentration des Botenstoffs Noradrenalin nach der Mahlzeit bei den Langsamfressern abfiel, und ganz besonders sank sie bei den Liegenlassern, die nicht alles fraßen. Das Sättigungszentrum im Hypothalamus bekommt entsprechend Signale, dass der Hunger gestillt ist. Bei den Schlingern erhöhte sich die Konzentration des Botenstoffes jedoch, was bewirkt, dass das Sättigungszentrum im Gehirn keine entsprechenden Signale erhält. Es scheint also, als ob diese Hunde nicht „verstehen", dass sie satt sind und daher einfach nur weiterschlingen wollen.

Die japanischen Forscher setzen eine Apparatur ein, die den Schlingern das Futter im Takt der Langsamfresser in den Napf gaben (dies dauerte gute vier Minuten). Nun zeigte sich, dass die Konzentration des Botenstoffes nach der Mahlzeit genauso sank wie bei den Langsamfressern. Es ist also die Fressgeschwindigkeit, die bestimmt, ob ein Hund Sättigung verspürt oder nicht. Aber man kann seinen Hund ja nicht ins Gewissen reden, langsamer zu fressen und besser zu kauen! Allerdings gibt es inzwischen automatisierte Futterspender, mit denen sich das Problem beheben lässt. Am allereinfachsten ist es jedoch, als Halter beim Füttern dabei zu bleiben und nach und nach das Futter im Takt

FRAGEN AN ETWA 200 HUNDEHALTER IN ENGLAND

FRESSGEWOHNHEITEN AUS HUNDEPERSPEKTIVE	FRESSGEWOHNHEITEN AUS HALTERPERSPEKTIVE
• Mein Hund wird aufgeregt, wenn es Futter gibt.	• Ich bin zufrieden mit dem Gewicht meines Hundes.
• Wenn mein Hund nicht hungrig ist, frisst er nichts.	• Ich finde, mein Hund könnte etwas abnehmen. Mein Hund ist richtig gut in Form.
• Mein Hund frisst immer alles direkt auf.	• Es ist mir wichtig, meinen Hund zu bewegen, damit er schlank bleibt.
• Nach dem Fressen ist mein Hund immer noch hungrig.	• Ich passe das Futter an, um das Gewicht meines Hundes zu kontrollieren.
• Mein Hund lässt sich Zeit beim Fressen.	• Das Gewicht meines Hundes ist mir wichtig.
• Mein Hund scheint immer hungrig zu sein.	• Ich wiege oder messe das Futter meines Hundes ab.
• Mein Hund schlingt enorm.	• Mein Hund bekommt kein Futter, wenn wir Menschen essen.
• Mein Hund inspiziert neues Futter, bevor er sich entschließt, zu fressen.	• Mein Hund bekommt Reste unseres Essens in den Napf.
• Mein Hund ist wählerisch bei Leckerchen.	• Mein Hund bekommt Leckerchen direkt am Tisch.
• Mein Hund frisst alles.	• Mein Hund bekommt oft das, was wir essen.
• Mein Hund wartet auf Leckerchen, auch wenn es unwahrscheinlich ist, dass er etwas bekommt.	• Mein Hund läuft viel.
• Mein Hund ist dabei, wenn ich koche und esse.	• Mein Hund spielt und rennt auf unseren Gängen viel umher.
• Mein Hund frisst Leckerchen direkt auf.	• Mein Hund wird viel trainiert.
	• Mein Hund bleibt auf den Gängen meistens angeleint.
	• Mein Hund läuft auf den Gängen meistens ohne Leine.
Auf jede Frage konnten die Halter zwischen **NIE, SELTEN, MANCHMAL, OFT** und **IMMER** wählen (Hundeperspektive).	• Mein Hund reagiert empfindlich auf bestimmtes Futter.
	• Mein Hund hat ein empfindliches Verdauungssystem.
	• Mein Hund hat oft Verdauungsbeschwerden.
Alternativ **STIMMT GAR NICHT, STIMMT ETWAS, STIMMT ÜBERWIEGEND, STIMMT DEFINITIV** (Halterperspektive)	• Mein Hund ist regelmäßig beim Tierarzt wegen verschiedener Gesundheitsprobleme.
	• Auf Anraten des Tierarztes habe ich das Training für meinen Hund eingeschränkt.

Einige Hunderassen sind bekannt für ihre Verfressenheit. Manche Labrador Retriever tragen eine Genmutation in sich, die das Sättigungsgefühl verhindert, was zu durchschnittlich zwei Kilos extra führt.

des Fressens nachzufüllen. Auf diese Weise verhindern Sie, dass Ihr Hund alles auf einmal verschlingt.

Es scheint also, als ob manche Hunde das Fressverhalten der Wölfe noch in sich tragen. Einige Hunderassen sind bekannt dafür, besonders verfressen zu sein. Als bekanntestes Beispiel gilt der Labrador Retriever. Vor kurzem glückte es einem internationalen Forscherteam unter Eleanor Raffan, zu zeigen, dass 23 Prozent aller Labradore eine Genmutation in sich tragen, die sie keine Sättigung verspüren lässt, was letztlich zu durchschnittlich zwei Kilo extra führt. Es ist also nicht nur das Fressverhalten, dass Übergewicht auslöst, sondern es spielen auch noch genetische Faktoren eine Rolle.

Aber letzten Endes bestimmt doch das Zusammenspiel zwischen Hund und Halter, ob der Hund zu dick wird oder nicht. Um herauszufinden, welche Faktoren hinter Fettleibigkeit bei Hunden stecken, schickten Forscher aus England Erhebungsbögen mit 34 Fragen an rund 200 Hundehalter, siehe Tabelle auf der gegenüberliegenden Seite. Die Fragen waren sorgfältig ausgewählt, um möglichst zuverlässige und vollständige Informationen über die Fressgewohnheiten der Hunde zusammenzutragen. Die Ergebnisse zeigten, dass es keinen Unterschied zwischen Futterinteresse von Rüden und Hündinnen gab. Hingegen waren kastrierte sowie auch ältere Hunde fressfreudiger. Im Vergleich verschiedener Rassen ragte eine besonders heraus: Wenig überraschend zeigten sich die Labrador Retriever mit Abstand am verfressensten.

In der Diskussion um Übergewicht von Hunden stand bisher besonders im Fokus, dass Halter für ihre Lieblinge nicht die richtige Balance aus Futtermenge und Bewegung finden. Diese Studie beruhigt vielleicht ein wenig das schlechte Gewissen, denn es berücksichtigt das angeborene (genetisch bedingte) Fressverhalten von Hunden. Die Studie zeigt auch, dass Halter von verfressenen Hunden sorgfältiger mit dem Gewichtsmanagement ihrer Hunde umgehen. Halter verfressener Hunde tendieren de facto weniger dazu, am Tisch beim Anblick bettelnder Augen schwach zu werden. Es gibt zudem eine Parallele zu Eltern von Kindern mit Gewichtsproblemen: Halter von Hunden, die zu Übergewicht neigen, legen ihr Augenmerk eher auf die Ernährung. Verfressene Hunde bekommen in der Regel aber nicht mehr Bewegung als normalgewichtige Hunde. Übergewichtige Hunde sind nämlich oft weniger beweglich und spielen nicht so gerne. Um also mehr Qualität ins Training zu bekommen, gilt es, einen sorgfältigen Ernährungsplan für übergewichtige Hunde auf die Beine zu stellen.

DIE WISSENSCHAFT ERKLÄRT:
ÜBERGEWICHT UND
FETTLEIBIGKEIT

- Studien zeigen, dass in den Industrieländern zwischen 25 und 60 Prozent der Hunde fettleibig sind.

- Hunde bekommen infolge von Übergewicht die gleichen Zivilisationskrankheiten wie wir.

- Langsames Essen und sorgfältiges Kauen verringern das Risiko für Übergewicht.

- Haben Sie einen Hund, der sein Futter schlingt, füttern Sie nach und nach kleine Portionen. Länger zu essen lässt den Hund bei gleicher Menge Futter Sättigung verspüren.

- Ungefähr ein Viertel aller Labrador Retriever tragen eine Genmutation in sich, die sie immer hungrig sein und daher leicht zunehmen lässt.

- Halter verfressener Hunde machen sich mehr Gedanken ums Futter. Hingegen bekommen Hunde mit Gewichtsproblemen nicht mehr Bewegung als normalgewichtige Hunde.

Bakterien, Viren und Parasiten

Es kommt alles an den Tag, was man im Schnee verbirgt. Und wenn der Schnee im Frühling schmilzt, erscheinen in den Städten an den Straßenrändern und auf Plätzen überall die Hundehaufen. Wirklich viele Hundehalter sammeln die Haufen ihrer Hunde ein – aber eben nicht alle. In Deutschland sind Hundehalter im Rahmen kommunaler Regelungen in der Regel zur Entfernung von Hundekot verpflichtet. In Österreich steht in der Straßenverkehrsordnung: „Die Besitzer oder Verwahrer von Hunden haben dafür zu sorgen, dass diese Gehsteige und Gehwege sowie Fußgängerzonen und Wohnstraßen nicht verunreinigen." Zuwiderhandlungen können mit einem Bußgeld geahndet werden. Es ist unzweifelhaft eklig, in einen Hundehaufen zu treten, aber noch schlimmer ist es tatsächlich für Ihren Hund: Hundehaufen können höchst infektiöse Bakterien, Viren und Parasiten beherbergen, die Ihrem Hund schaden können.

Eine Forschergruppe aus Kanada unter Anya Fiona Smith untersuchte 2015, ob Hunde, die in Parks Gassi geführt werden, öfter an *Giardien* leiden, häufig vorkommende einzellige Parasiten, die Durchfälle und Gewichtsverlust bei Hunden auslösen können. Diese Parasiten setzen sich in der Darmschleimhaut fest und sind äußerst schwer zu bekämpfen. Sie können mehrere Monate im Kot überleben, solange es feucht und kühl ist (Schnee!). Um herauszufinden, welche Hunde am häufigsten von *Giardien* befallen werden, führten die Wissenschaftler eine große Fragebogenstudie durch, für die rund tausend Hundehalter in Calgary ihre Gassigewohnheiten darlegten. Anschließend nahmen die Forscher Kotproben von allen Hunden der Studie. Die Untersuchung zeigte, dass das Infektionsrisiko deutlich mit den Gassigewohnheiten zusammenhing. Hunde, die in Parks geführt wurden, waren oft befallen, besonders, wenn sie frei herumlaufen und in Teichen baden durften. Das deckt sich mit den Erkenntnissen, wie Parasiten neue Wirte finden: Hunde handeln sich Parasiten entweder durch Schnüffeln an bzw. Fressen von fremden Hundehaufen oder durch Trinken von infiziertem Wasser ein. Es zeigte sich, dass weniger als die Hälfte der Halter wussten, dass ihre Lieblinge sich beim Freilauf im Park infizieren konnten. Die Wissenschaftler betonten, dass es keine Lösung sei, die Hunde nun dauerhaft angeleint zu lassen. Die soziale und physische Aktivität beim Freilauf ist viel zu wichtig für die

Hundehaufen können höchst infektiöse Bakterien, Viren und Parasiten beherbergen, die Ihrem Hund schaden können.

Hunde. Die Lösung muss stattdessen anders lauten: Hundehalter müssen die Haufen ihrer Hunde einsammeln!

Giardien verursachen bei den meisten Hunden nur leichte Symptome. Viele Hunde tragen den Parasiten sogar ohne Symptome in sich. Allerdings gibt es weitere ansteckende Infektionen, die ebenfalls über die Hundehaufen übertragen werden. Das *Coronavirus* beispielsweise hat nur eine kurze Inkubationszeit und nach nur ein paar Tagen leidet der Hund unter Erbrechen und Durchfall. Besonders Welpen laufen Gefahr, auszutrocknen und es ist schon zu Todesfällen gekommen. Nach durchlaufener Infektion werden die Hunde glücklicherweise immun gegen das Virus.

Es gibt Hinweise darauf, dass Giardien von Hunden auf Menschen übertragen werden … es gibt also weitere gute Gründe, die Haufen seines Hundes aufzusammeln! Krankheiten oder Erreger, die von Tieren auf Menschen übertragen werden, werden *Zoonosen* genannt. Die bekannteste Zoonose ist die von Lyssaviren ausgelöste Tollwut. Der Krankheitserreger führt zu Gehirnentzündung mit Verhaltensstörungen. Infizierte Tiere werden aggressiv und geben das Virus über den Speichel weiter. Knapp 60.000 Menschen, vor allem in Indien, China und Afrika, sterben jährlich nach Bissen infizierter Straßenhunde. In Schweden gilt die Krankheit seit 1886 bei Hunden als ausgerottet.

Ich habe nur einen Bruchteil der Krankheiten aufgegriffen, die Hunde und manchmal auch Menschen treffen können. Man kann schon leicht zum Hypochonder werden, wenn man sich anschaut, was es alles für Infektionskrankheiten gibt. Aber dank Impfplänen und der guten tierärztlichen Versorgung hierzulande ist die Gefahr tatsächlich gering, sich gefährliche Krankheiten zuzuziehen.

Unsere Hunde bekommen in der Regel eine gute Fürsorge und vernünftiges Futter mit ausreichend Nährstoffen. Anders wird es beim Blick ins Ausland und besonders in Entwicklungsländer. Weltweit gibt es schätzungsweise 700 Millionen freilaufende Hunde in Dörfern und Städten, wo sie sich von Abfall ernähren. Auf dem Land konkurrieren diese Hunde mit wilden Raubtieren um Beute. Bei Interaktionen zwischen Dorfhunden und wilden Raubtieren besteht das Risiko, dass Krankheiten zwischen ihnen übertragen werden.

Tollwut, Staupe und Parvo gelten als „die drei großen" Krankheiten, da viele Wildtiere daran sterben, nachdem sie von Dorfhunden infiziert wurden. Es gibt viele Beispiele: Äthiopische Wölfe im Hochland des Horns von Afrika sind von Tollwut bedroht, Löwen in der Savanne der Serengeti von Staupe und nordamerikanische Wölfe von Parvo. Im südöstlichen Brasilien gibt es noch kleine Reste des Küstenregenwaldes Mata Atlântica, in dem viele stark bedrohte Raubtiere wie Krabbenfuchs, Mähnenwolf und Puma leben. In einem Artikel von 2016 untersuchte eine brasilianische Forschergruppe, inwieweit Dorfhunde infektiöse Viren in sich trugen. Fast alle getesteten Hunde trugen das Parvovirus in sich, viele das *Canine Distemper Virus* (CDV), das Staupe auslöst, sowie das Adenovirus, das eine infektiöse Hepatitis verursacht. In Interviews mit den Haltern der Hunde wurde klar, dass die meisten Hunde mit Wildtieren Kontakt hatten und oft in den Wald liefen. Es besteht also die Gefahr, dass die gefährdeten Wildtiere, die in den letzten Refugien des Küstenregenwaldes leben, zusätzlich von diesen Krankheiten dezimiert werden.

Die Lösung der Forscher umfasst umfangreiche Impf- und Kastrationsprogramme für die Hunde der Dörfer, die nahe der wertvollen Biotope des Küstenregenwaldes liegen. Derzeit werden die Hunde der brasilianischen Dörfer nur gegen Tollwut geimpft.

DIE WISSENSCHAFT ERKLÄRT: BAKTERIEN, VIREN UND PARASITEN

- Die Haufen seines Hundes aufzusammeln vermindert die Verbreitung von Infektionen von Hund zu Hund.

- Der *Coronavirus* und *Giardien* sind Beispiele für Krankheitserreger, die über den Hundekot verbreitet werden.

- Krankheiten oder Erreger, die von Tieren auf Menschen übertragen werden, werden Zoonosen genannt. Tollwut ist wahrscheinlich die bekannteste Zoonose, die hauptsächlich von Dorfhunden verbreitet wird. In Schweden gibt es seit 130 Jahren keine Tollwut mehr bei Hunden.

- Impfprogramme und gute tierärztliche Versorgung vermindern das Risiko, dass Hunde sich ernste Krankheiten zuziehen.

- Dorfhunde, die mit wilden Raubtieren Kontakt haben, können Krankheiten wie Tollwut, Staupe und Parvo unter diesen verbreiten.

- Für weitere Informationen über Infektionskrankheiten und Parasiten bei Hunden wenden Sie sich an Ihren Tierarzt.

Die Sinne

Der Geruchssinn hat bei Hunden dieselbe Aufgabe
wie beim Menschen. Aber haben kurznasige Hunde
einen ebenso guten Geruchssinn wie langnasige?
Dass viele Hunde nicht schussfest sind, wissen Sie
sicher, aber Geräusche können unruhige Hunde
auch beruhigen – hier erfahren Sie mehr dazu!
Zum Ende berichte ich darüber, dass es rechts- oder
linkspfotige Hunde gibt, genau wie es bei uns
Menschen Rechts- oder Linkshänder gibt.

Geruchssinn

Ihr Hund erfasst seine Umwelt auf eine völlig andere Weise als Sie. Während wir Menschen uns am ehesten auf unsere optischen Eindrücke verlassen, um zu erfassen, was um uns herum vor sich geht, nutzt der Hund seine Nase, um seine Umgebung zu verstehen. Hunde können einzelne Geruchsmoleküle in einer Konzentration wahrnehmen, die viele tausend Male geringer sind, als wir Menschen es wahrnehmen können. Das führt dazu, dass der Hund nicht nur einen unmittelbaren Eindruck bekommt, sondern mit Hilfe seiner Nase ebenso in die Vergangenheit wie auch voraus in die Zukunft „reisen" kann. Denken Sie nur an einen Suchhund, der mit Hilfe seiner Nase den mehrere Tage zurückliegenden Unternehmungen einer verschwundenen Person folgt oder an einen Lawinensuchhund, der eine Person finden kann, die tief unter Schneemassen begraben ist, lange, bevor der Hund oder die Bergrettung irgendetwas mit bloßem Auge sehen kann. Vielleicht gibt es noch mehr spannende Anwendungsbereiche? Weltweit finden aktuell mehrere große Studien statt, in denen man herauszufinden versucht, ob man Hunde aufgrund ihres Geruchssinns zur Krebsfrüherkennung einsetzen kann.

Warum ist der Geruchssinn des Hundes unserem eigenen so überlegen? Es gibt zahlreiche geniale Anpassungen, die zum Geruchssinn des Hundes beitragen: Die Nase ist feucht und hat eine sehr raue Oberfläche, um einzelne Duftmoleküle einzufangen, die Nase hat auf beiden Seiten Schlitze, aus denen die Ausatemluft austritt, wodurch kleine Luftwirbel entstehen, die dafür sorgen, dass „neue" Luft mit besonders hoher Geschwindigkeit in die Nase strömt, die zwei Nasenlöcher funktionieren unabhängig

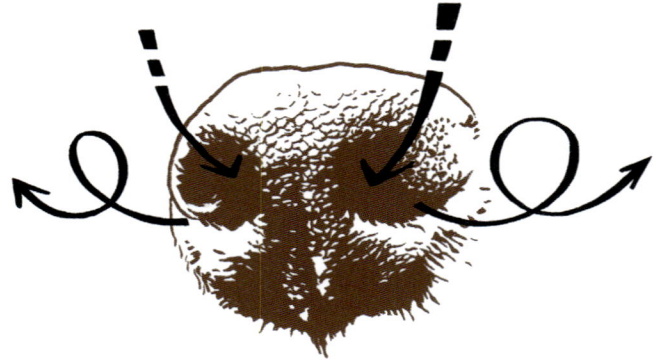

Die Hundenase hat jeweils einen Schlitz auf jeder Seite, aus dem die Ausatemluft herauskommt, wodurch kleine Luftwirbel erzeugt werden, die dafür sorgen, dass „neue" Luft mit besonders hoher Geschwindigkeit in die Nase strömt.

voneinander, so dass der Hund Stereo riechen kann und auf diese Weise die Richtung von verschiedenen Gerüchen beurteilen kann. Außerdem hat der Hund knapp 200 Millionen Geruchsrezeptoren in der Nase, im Vergleich zu nur 5 Millionen beim Menschen, und der Riechkolben im Hirn, der Geruchseindrücke bearbeitet, ist beim Hund relativ gesehen viel größer als bei Menschen.

Eine Frage, die das Interesse der Forscher erregt hat, ist, ob Hunde sich in jedem Fall auf ihren Geruchssinn verlassen. Oder ist es vielleicht so, dass der Geruchssinn vor allem für die Suche über weite Entfernungen genutzt wird, aber das Sehvermögen oder Signale vom Trainer wichtiger werden, um Gegenstände in der näheren Umgebung zu finden? Auf jeden Fall scheint es so, dass sich routinierte Sprengstoffhunde bei jedem Abstand auf ihren Geruchssinn verlassen. Aber verhalten sich untrainierte Familienhunde genauso? Eine ungarische Studie von Zita Polgár et al. liefert Anhaltspunkte für eine Antwort. In einem Experiment sollten dreißig Hunde ihren Halter finden, der unter einem Laken verborgen war, aus keinem, einem beziehungsweise drei Metern Abstand in drei unterschiedlichen Durchläufen. Zuerst sollten sich alle Hunde daran gewöhnen, dass der Besitzer unter einem Laken verborgen saß. Als die Hunde die Aufgabe verstanden hatten, startete das Experiment, aber jetzt hatten die Hunde die Wahl zwischen drei verschiedenen Personen in jeweils einer Ecke und unter je einem Laken. Bei keinem Abstand beziehungsweise einem Meter Abstand erschnüffelten die Hunde ihren Halter richtig und ohne Probleme. Auf drei Meter Abstand dagegen fanden die Hunde ihren Halter dagegen nicht öfter als zufällig.

Stattdessen konzentrierten sie sich häufiger dorthin, wo die Halter während des Trainings vor dem Experiment gesessen hatten. Wenn Hunde nicht sofort eine Antwort des Geruchssinnes bekommen, scheint es also, dass sie eher früher gemachte Erfahrungen nutzen. Ist vielleicht das Zusammenspiel Hund-Mensch für den Hund wichtiger, als vollständig seinem überlegenen Geruchssinn zu vertrauen?

Haben alle Hunderassen einen gleichermaßen guten Geruchssinn? Tatsächlich gibt es ausgesprochen wenige Untersuchungen hierzu. Für zahlreiche Aufgaben, die ein Polizeihund ausführt, ist ein guter Geruchssinn notwendig, zum Beispiel bei der Suche nach verschwundenen Personen oder beim Aufspüren von Drogen. In Schweden sind neunzig Prozent aller Polizeihunde entweder Deutsche oder Belgische Schäferhunde. Bekanntermaßen sind diese Rassen besonders geeignet, weil sie leicht zu trainieren sind und ein stabiles Temperament besitzen. Aber haben sie auch einen besseren Geruchssinn? Oder wäre es vielleicht besser, wenn die Polizei Möpse einsetzen würde, um verschwundene Personen aufzuspüren? Um das herauszufinden, verglichen die amerikanischen Forscher Nathaniel Hall et al. den Geruchssinn des Deutschen Schäferhundes mit dem des Mopses. Dass kurznasige Hunderassen wie der Mops einen schlechteren Geruchssinn als langnasige Hunderassen wie Schäferhunde haben, wurde in dieser Studie komplett widerlegt. Die zehn Möpse übertrafen mit Leichtigkeit die zehn Schäferhunde in dem Experiment, bei dem derjenige von zwei Eimern markiert werden musste, der neben der Füllung mit Sägespänen auch einen Wattebausch mit Anisextrakt enthielt. Beim Heruntersetzen der Aniskonzentration im Wattebausch erst von 100 auf 10 Prozent und dann von 10 auf 1 Prozent waren die Möpse bei der Identifikation des richtigen Eimers weiterhin um Längen besser als die Schäferhunde. Die Möpse waren auch vor dem Experiment einfacher zu trainieren als die Schäferhunde. Sie verstanden schnell, worauf es beim Experiment ankam, wenn beim Training Leckerchen angeboten wurden. Bis heute wissen die Forscher nicht, weshalb der Mops einen so ausgezeichneten Geruchssinn hat, aber auf jeden Fall haben wir gelernt, einen Hund nicht nach seinem Fell zu beurteilen: Nur weil man eine kleine Nase hat, muss man keinen schlechten Geruchssinn haben!

Körpergeruch hilft uns bei der Wahl des Lebenspartners. So ist es auf alle Fälle bei Mäusen und Menschen, bei denen Forscher einen Stoff, der MHC-Molekül heißt – *Major Histocompatability Complex* – auf der Zellmembran gefunden haben. Dieser Stoff bestimmt, wie angenehm wir den Duft eines anderen Individuums empfinden. Etliche Studien zeigen, dass wir auf Unterschiede stehen: Je mehr sich jemand MHC-mäßig von uns unterscheidet, als desto attraktiver betrachten wir den potenziellen Partner. Wahrscheinlich ist das eine unbewusste Vorgehensweise, um negative Effekte von Inzucht zu vermeiden. Es ist erstaunlich, dass Hunde mit ihrer empfindlichen Nase nicht öfter in solchen Studien vorkommen. Jennifer Hamilton und Jennifer Vonk haben jedenfalls eine Studie mit dem Titel *Do dogs prefer family?* veröffentlicht. Beim Experiment der amerikanischen Forscherinnen kam heraus, dass Hunde den Duft ihrer Väter erkannten, obwohl sie diese niemals vorher getroffen hatten, und das deuten die Forscher so, dass Hunde ihren Geruchssinn einsetzen können, um nahe Verwandte von entfernt verwandten Hunden zu unterscheiden. Rüden waren auch interessierter an Düften von entfernt verwandten Hündinnen als an näher mit ihnen verwandten. Dieses Ergebnis zeigt, dass der Duft eine entscheidende Rolle auch für die Partnerwahl bei Hunden hat. Zumindest, wenn die Hunde die Chance haben, den Partner frei zu wählen. Die Forscher waren allerdings darüber verwundert, dass Hündinnen in der Studie nicht in der Lage schienen, die Düfte von nahen und entfernten Verwandten zu unterscheiden. Ein Hinweis könnte sein, dass die Hündinnen zum Zeitpunkt der Untersuchung nicht läufig waren und deshalb keine deutlichen Präferenzen zeigten. Rüden dagegen sind fortwährend sexuell interessiert, sobald sie die Geschlechtsreife erreicht haben. Eine andere Erklärung könnte sein, dass bei frei lebenden Hunden die Rüden häufiger und eher „von zu Hause" ausziehen als Hündinnen. Daher ist es für Hündinnen vielleicht nicht so wichtig, gerade den Duft zu nutzen, um Verwandte von anderen zu unterscheiden. Sie erkennen einander ganz einfach durch tägliche Begegnungen.

DIE WISSENSCHAFT ERKLÄRT: DIE SINNE

- Der Geruchssinn hat bei Hunden dieselbe Aufgabe wie beim Menschen. Mit Hilfe des Geruchssinnes können Hunde herausfinden, was in der Vergangenheit geschehen ist und was in der nahen Zukunft geschehen wird.

- In Blindversuchen erkennen Hunde den Geruch ihres Halters, zumindest aus näherer Entfernung.

- Es scheint so, dass kurznasige Hunde nicht generell einen schlechteren Geruchssinn haben als langnasige. Eine Studie mit Möpsen und Schäferhunden zeigt, dass es manchmal genau anders herum sein kann.

- Hunde können den Duft ihrer Väter erkennen, obwohl sie diese niemals vorher getroffen hatten.

- Hündinnen sind nicht genauso in der Lage oder bereit wie Rüden, die Düfte von verwandten und fremden Individuen zu unterscheiden. Die Forscher kennen noch nicht die Ursache, warum das so ist.

Musik für alle

Wenn Sie „Neujahr und Hund" googeln, bekommen Sie mehr als eine Viertelmillionen Treffer. Um Mitternacht, wenn die Silvester-Raketen knallen und wir ins neue Jahr hinein feiern, leiden lautempfindliche Hunde Höllenqualen. Hotels am Flughafen, entstressende Pheromone, Ohrenstöpsel und eine schützende Decke sind nur einige der Ratschläge, die man im Internet findet, um die Furcht der Hunde bei plötzlichen Geräuschen zu lindern. Sie können die Geräusche auch dämpfen oder aussperren, indem Sie beispielsweise beruhigende Musik spielen oder den Fernseher einschalten. Genau wie beim Menschen können beim Hund Geräusche also Ruhe und Harmonie erzeugen genauso wie Unruhe und Stress. Kürzlich wurden zwei Studien veröffentlicht, in denen untersucht wurde, in welchem Umfang Hunde im Tierheim durch Musik und Hörbücher beruhigt werden. Das Resultat war erstaunlich!

In der ersten Studie von Clarissa Brayley und Tamara Montrose in einem Tierheim bei Oxford in England nahmen insgesamt 31 Hunde teil. Die Hunde waren aus verschiedenen Gründen dort: 18 waren von ihren Haltern wegen Verhaltensproblemen abgegeben worden, fünf waren ihren Haltern weggenommen worden wegen Vernachlässigung und acht waren herrenlose Streuner. Im Tierheim bekam jeder Hund seinen Zwinger von sechs bis acht Quadratmetern Größe mit Maschendrahteinhausung. Durchschnittlich hatten sie vor Beginn der Studie knapp 50 Tage im Tierheim zugebracht. Auch wenn sie gut betreut wurden, waren sie natürlich allein aufgrund ihrer misslichen und problematischen Lebenssituation unruhig. Wenig Platz, kaum soziale Interaktionen und ein hohes Geräuschniveau im Tierheim trugen außerdem dazu bei, dass viele Hunde chronischen Stress erlebten. Die Forscher testeten, ob verschiedene Geräuscharten einen beruhigenden Einfluss auf die Hunde ausübten. In zufälliger Reihenfolge bekamen die Hunde klassische Musik von Beethoven, gemischte Popmusik, speziell zur Hundeberuhigung entwickelte Stücke (*Through a Dog's Ear*™) und ein Hörbuch, in dem der Schauspieler Michael York das zweite Buch „Die Hexe und der Löwe" der C.S. Lewis-Serie über das Land Narnia liest, vorgespielt. Mitten im Tierheim in einem Abstand zwischen vier und zwölf Metern zu den Hunden war das Abspielgerät aufgestellt, auf dem die Geräusche in normaler Gesprächslautstärke abgespielt wurden. Um zu verhindern, dass die Hunde überstimuliert wurden, bekamen sie dies an einem Tag zwei Stunden zu hören und die nächste akustische Untermalung erst nach zwei Tagen Pause. Alle fünf Minuten beim Abspielen der Sequenzen beschrieben die Forscher das Verhalten der Hunde nach einem zuvor festgelegten Schlüssel (ein sogenanntes Ethogramm): lief im Kreis, setzte sich/stand auf, ruhte/schlief, bellte, heulte/knurrte/winselte, oder andere Verhaltensweisen. Ich beschreibe die Prozedur en detail, falls Sie dies zu Hause testen wollen. Ausgehend von Ergebnissen früherer Studien u. a. bei Menschen, Hunden, Asiatischen Elefanten und Gorillas erwarteten die Forscher, dass die Hunde am ruhigsten bei klassischer Musik würden. Aber falsch gedacht! Das Hörbuch schlug alle anderen akustischen Beeinflussungen haushoch. Wenn die Hunde „Die Hexe und der Löwe" zu hören bekamen, legten sie sich deutlich häufiger hin und ruhten oder schliefen als beim Klang von klassischer Musik. Außerdem bellten sie weniger und wanderten weniger häufig unruhig im Käfig herum. Sie wurden ganz einfach vom Hörbuch am meisten beruhigt. Klassische Musik führte ebenfalls dazu, dass die Hunde weniger herumtigerten, aber nicht dazu, dass sie häufiger ausruhten. Bei spezieller Hundemusik oder bei Popmusik waren keine deutlich positiven Effekte festzustellen. Vielleicht war es der Reiz des Neuen, der

191

eine derartig hypnotische Wirkung auf die Hunde hatte. Sie hatten ja nie zuvor ein Hörbuch gehört. Aber die Forscher denken auch, dass die Art, wie uns ein professioneller Vorleser durch das Buch selbst mitnimmt, eine beruhigende Wirkung hat. Er spricht die Worte deutlich, mit ruhiger Stimme und in regelmäßigem Tempo aus, ohne ins Stocken zu kommen. Die Art zu sprechen unterscheidet sich von den Gesprächen der Pfleger, die eher als stakkatohafte Wortsalven ankommen. In einer früheren Studie zum Thema konnte man auch nicht nachweisen, dass die Gespräche zwischen den Pflegern irgendeine beruhigende Wirkung auf die Tierheimhunde hatten.

Aber vielleicht klingen die positiven Effekte der Geräusche ab, je mehr die Hunde damit konfrontiert sind? Das untersuchten Amy Bowman et al. in Schottland mit Hilfe von 50 Hunden in einem Tierheim. Die Hunde wurden in zwei Gruppen eingeteilt, von denen die eine für sieben Tage Ruhe bekam – insofern dies in einem Tierheim möglich ist – gefolgt von sieben Tagen, an denen sie täglich von morgens zehn Uhr bis nachmittags halb fünf eine Mischung verschiedener klassischer Musikstücke zu hören bekamen. Die andere Hälfte bekam zuerst sieben Tage lang klassische Musik zu hören gefolgt von sieben Tagen Ruhe. Zum Unterschied zur englischen Studie beschrieben die Forscher nicht nur das Verhalten der Hunde, sondern sie maßen auch den Spiegel des Stresshormons Kortisol im Speichel sowie Veränderungen am Puls, der sogenannten Herzfrequenzvariabilität (HRV oder *Heart Rate Variability*). Im Normalfall gibt es immer einen gewissen Unterschied zwischen zwei Herzschlägen, mal vergeht eine längere, mal eine kürzere Zeit zwischen zwei Herzschlägen. Aber wenn wir den Körper physisch anstrengen oder gestresst sind, sinkt die HRV, was im Klartext bedeutet, dass zwischen den Herzschlägen immer gleich lange Pausen liegen. Ein Pulsmessgerät für Hunde ist hierbei ein gutes weiteres Hilfsmittel neben der Erfassung des Kortisolspiegels im Speichel, um herauszufinden, ob die Hunde gestresst sind oder nicht. Die Ergebnisse der Verhaltensstudien und der HRV-Werte (es gab keinen Unterschied in der Kortisolmenge) zeigten, dass 300 klassische Stücke beruhigend auf die Hunde wirkten. Aber der positive Effekt klang schon nach zwei Tagen ab. Wahrscheinlich war es zu viel des Guten mit der Musik über fast sieben Stunden pro Tag. Aus irgendwelchen Gründen reagierten Rüden besser als Hündinnen auf die Musik. Es gibt viele Möglichkeiten, zu variieren, wie lange und wie oft Musik gespielt werden sollte, um einen maximal beruhigenden Effekt auf Hunde unterschiedlichen Geschlechts und Lebensgangs zu erzielen. Vielleicht wird die Forschung künftig nachweisen, dass bestimmte klassische Komponisten oder Hörbuchsprecher besonders gut bei Hunden ankommen.

DIE WISSENSCHAFT ERKLÄRT: MUSIK FÜR ALLE

- Plötzliche Geräusche wie zum Beispiel Donnerschläge oder Silvesterkracher können für viele Hunde besonders erschreckend sein.

- Das Spielen klassischer Musik hat auf viele Hunde eine beruhigende Wirkung. Nach etwa zwei Tagen klingen jedoch die positiven Effekte klassischer Musik ab. Zumindest, wenn die Hunde sie mehr als sechs Stunden pro Tag hören.

- Die beste Wirkung hat das Abspielen eines Hörbuches. Die Hunde bellten weniger und ruhten mehr, wenn ihnen im Vergleich zu unterschiedlichen Musikarten Hörbücher vorgespielt wurden.

- Rüden werden bei klassischer Musik aus unbekannten Gründen ruhiger als Hündinnen.

Rechts oder links?

Sind Sie Rechtshänder oder Linkshänder? Die meisten Leute führen komplexe Tätigkeiten wie einen Brief zu schreiben oder ein Bild zu malen mit nur einer ihrer beiden Hände aus. Hierfür ist in hohem Maße Feinmotorik gefragt. Menschen sind meistens Rechtshänder, aber ein beträchtlicher Anteil – in der Regel geht man von 10 Prozent aus – ist von Natur aus Linkshänder. Viele unserer Hilfsmittel wie Scheren oder Dosenöffner sind auf Rechtshänder angepasst, weshalb Linkshänder auch die Benutzung der rechten Hand lernen, um im Alltag zurecht zu kommen. Von Geburt an beidhändig zu sein ist allerdings eher ungewöhnlich und kommt nur bei unter einen Prozent vor. Dass wir eine dominierende Hand oder einen Fuß haben, wissen alle, aber nicht so bekannt ist, dass wir auch ein Führungsauge und –ohr haben. Und viele andere Säugetiere über den Menschen hinaus zeigen die gleiche Vorliebe, eine Körperseite einzusetzen, um komplexere Aufgaben zu bewältigen. Der Fachbegriff dafür heißt *Lateralität* oder Seitendominanz.

Hunde sind rechtspfotig oder linkspfotig, genau wie wir rechtshändig oder linkshändig sind. Aber zum Unterschied beim Menschen, wo die Mehrheit rechtshändig ist, sind bei Hunden linkspfotige und rechtspfotige etwa gleichmäßig verteilt. Je schwerer die Herausforderung an einen Hund, desto deutlicher wird, dass nur eine der Pfoten eingesetzt wird, um zu einer Lösung zu kommen. Die allerhäufigste Methode in der Forschung, um herauszufinden, ob ein Hund rechts-oder linkspfotig ist, ist der Einsatz eines Aktivitätsballs. Der hohle, konische Gummiball wird mit Leckerchen gefüllt und die Forscher beobachten dann, mit welcher Pfote der Hund den trudelnden Ball stabilisiert, um an die Leckerchen zu kommen. Es liegt nahe, anzunehmen, dass der Hund die dominante Pfote für diese Aufgabe einsetzt – aber ist dem wirklich so?

In einem spannenden und etwas ungewöhnlichen Vergleich zwischen dem Verhalten bei Hunden und Menschen zeigten Deborah Wells et al., dass wir wahrscheinlich die ganzen Jahre falsch gelegen haben. Insgesamt nahmen 48 Hunde und 94 Menschen an einem Experiment mit Aktivitätsbällen teil. Die freiwilligen Versuchspersonen sollten sich vor einen Tisch knien, um mit dem Mund einen kleinen Papierschnipsel aus der Ballöffnung herauszuziehen. Als Hilfsmittel, um den konischen Ball zu stabilisieren, durften sie die linke Hand, die rechte Hand oder beide Hände einsetzen. Die Versuchspersonen wussten im Vorfeld nicht, worauf das Experiment hinauslief. Es zeigte sich, dass 76 Prozent der Rechtshänder die linke Hand nutzten, um den Ball zu stabilisieren, während 82 Prozent der Linkshänder die rechte Hand einsetzten, um den Ball festzuhalten. Wenn wir eine Konservendose öffnen, nutzen wir die Führungshand für die Feinmotorik, während wir die Dose mit der anderen Hand festhalten, damit sie nicht von der Tischplatte fällt. Ohne Nachzudenken verhielten sich die Versuchspersonen im Experiment

Die Forscher beobachten, mit welcher Pfote der Hund den trudelnden Ball stabilisiert, um an die Leckerchen zu kommen.

wahrscheinlich ebenso. Die Versuchsaufstellung für Hunde war vergleichbar, aber sie mussten auf dem Boden liegen, während sie versuchten, ein Leckerchen statt eines Papierschnipsels aus dem Ball zu bekommen. Es zeigte sich, dass 67 Prozent der Hunde entweder die rechte oder die linke Pfote nutzten, um den Ball festzuhalten und das Leckerchen herauszubekommen, was deutlich mehr war als die, die beide Pfoten einsetzten.

Sowohl bei Menschen wie auch bei Hunden gab es also eine deutliche Vorliebe, nur eine Hand/Pfote einzusetzen, um die Aufgabe zu lösen. Es ist also nicht unbedingt an den Haaren herbeigezogen, daraus den Schluss zu ziehen, dass Hunde genauso wie Menschen den Gummiball mit der „falschen" Pfote festgehalten haben. Mehrere frühere Studien haben ergeben, dass Hündinnen öfter „rechtspfotig" sind, Rüden dagegen eher „linkspfotig". Aber im Experiment oben war es genau umgekehrt: Rüden nutzten häufiger die rechte Pfote und Hündinnen öfter die linke. Dieses widersprüchliche Ergebnis kann indirekt dafür sprechen, dass Hunde tatsächlich „die falsche Pfote" nutzen, um einen Gegenstand festzuhalten, und die „richtige Pfote", wenn eher Feinmotorik benötigt wird. Auf den ersten Blick scheint dies nur von akademischem Interesse zu sein – was spielt es für eine Rolle, ob mein Hund rechts- oder linkspfotig ist? Überraschenderweise lässt diese jedoch einen Einblick in die Psyche des Hundes zu. Linkspfotige Hunde nutzen am ehesten die rechte Gehirnhälfte, die gefühlsmäßige Gedanken steuert, während rechtspfotige Hunde öfter die linke Hirnhälfte nutzen, die eher analytische Gedanken steuert. Der Grund ist, dass Signale der Körperwahrnehmung auf dem Weg zum Hirn querverbunden werden. Ein linkspfotiger Hund kann daher mit stärkeren Gefühlen auf Reize reagieren, die einen rechtspfotigen Hund unberührt lassen. Ein linkspfotiger Hund könnte beispielsweise eher ungeeignet sein für ein Führhundtraining, bei dem ein stabileres Temperament erforderlich ist.

In der Forschungswelt gibt es ausreichend viele Studien über Lateralität, dass dieser Bereich eine ganz eigene wissenschaftliche Zeitschrift hervorgebracht hat: *Journal of Laterality*. Hier kann man über Hunde lesen, die mit dem Schwanz nach rechts oder links wedeln, Hunde, die das rechte oder linke Ohr zum Zuhören nutzen, Hunde, die beim Laufen erst die rechte oder linke Pfote aufsetzen und so weiter. Die amerikanischen Forscher William Gough und Betty McGuir veröffentlichten 2015 einen Artikel, in dem sie untersuchten, ob Hunde vorzugsweise den linken oder rechten Hinterlauf heben, um zu pinkeln. Bei insgesamt 264 Hunden aus zwei Tierheimen in New York konnten die Forscher knapp zweitausend Mal Pinkeln dokumentieren! In etwa 75 Prozent der Fälle hoben die Hunde einen der Hinterläufe, ansonsten hockten sich Hündinnen hin oder lehnten sich Rüden nach vorne. Rüden hoben die Hinterläufe zum Pinkeln deutlich öfter als Hündinnen und beide Geschlechter hoben die Hinterläufe öfter, je älter sie wurden. Keiner der Hunde in der Studie war jünger als vier Monate, was ungefähr das Alter ist, ab dem Jungrüden anfangen, zum Pinkeln das Bein zu heben. Hingegen dominierte keine Seite, sondern sie hoben gleich unbeschwert und oft entweder den linken oder den rechten Hinterlauf zum Pinkeln. Über die Gründe lässt sich nur spekulieren. Muss das Gehirn vielleicht beim Pinkeln nicht besonders viel arbeiten, oder hängt die Wahl des Hinterlaufs mehr davon ab, ob der Busch oder Laternenpfahl links oder rechts am Weg steht? Sicher aber ist, dass die Forschung in Sachen Lateralität noch in den Kinderschuhen steckt und zahlreiche spannende Erkenntnisse in Zukunft zu erwarten sind. Bis dahin ist es interessant für Sie, die Körpersprache Ihres Hundes in verschiedenen Situationen zu beobachten, um herauszufinden, ob die linke oder die rechte Seite dominiert.

Im Hinblick darauf, dass Hunde in Stereo riechen können (siehe Kapitel „Geruchssinn") ist es wohl nicht weiter erstaunlich,

dass Forscher gezeigt haben, dass Hunde Lateralität auch in Bezug auf den Geruchssinn aufweisen. Frühere Studien zeigen, dass Hunde mit dem rechten Nasenloch schnüffeln, wenn es sich um einen Geruch handelt, der Unruhe, Stress oder Aufregung verursacht. Haben sich Hunde allerdings an den fremden Duft gewöhnt und ist dieser nicht länger erschreckend, nutzen sie stattdessen das linke Nasenloch. Aber gilt das unabhängig davon, ob ein Hund oder ein Mensch diesen Duft erzeugt haben?

Ein italienisches Forscherteam um Marcello Siniscalchi zeigt, dass dem nicht so ist. Hunde nutzen verschiedene Nasenlöcher, je nachdem, ob der Duft von einem furchtsamen Menschen oder einem furchtsamen Hund kommt. Im Experiment bekamen vier Versuchspersonen 15 Minuten lang einen Horrorfilm zu sehen und danach wurde mit Wattebäuschen Schweiß aus deren Armbeugen genommen. Die Hunde mussten sich keinen Film anschauen, stattdessen waren sie in der ausreichend erschreckenden Situation, 15 Minuten lang völlig isoliert in einem fremden Raum zu sitzen. Mit Wattebäuschen nahmen die Forscher danach Speichelproben aus dem Mund sowie Pheromone (Duftsignale) von den Drüsen um die Analöffnungen und zwischen den Laufballen an den Pfoten. Anschließend ließ man einunddreißig Hunde an diesen Wattebäuschen schnüffeln und filmte sie dabei. Es zeigte sich, dass die Hunde fast ausschließlich das rechte Nasenloch nutzten, um an der „Hundefurcht" zu schnüffeln, während sie das linke Nasenloch einsetzten, um am Schweiß von ängstlichen Menschen zu schnüffeln.

Die Signale des Geruchssinnes gehen in Nervenbahnen vom rechten Nasenloch direkt zur rechten Gehirnhälfte und vom linken Nasenloch direkt zur linken Gehirnhälfte. Die Nervenbahnen kreuzen sich also nicht dabei, wie es sonst bei Reizen von visueller oder Körperwahrnehmung geschieht. Hunde, die das rechte Nasenloch sonst nutzten, um an der Furcht von anderen Hunden zu riechen, nutzten also vor allem die rechte Hirnseite, die Furcht, Aggression, Aufregung sowie Freude und vieles mehr steuert. Als sie am Schweiß von sich fürchtenden Menschen rochen, gingen die Signale dagegen zur linken Hirnseite, die analytische Gedanken steuert. Es muss darauf hingewiesen werden, dass diese Beschreibung der Funktionen der Hirnseiten grob vereinfacht ist, weil linke und rechte Seite miteinander kommunizieren und sich via Hirnbalken koordinieren. Aber es wirkt glaubhaft, das Resultat so zu deuten, dass starke Gefühle bei denjenigen Hunden ausgelöst wurden, die die Furcht anderer Hunde rochen. Dagegen ist es vielleicht schwieriger zu verstehen, warum Hunde die analytischere Seite des Hirns nutzen, wenn sie menschliche Furcht riechen. Die Hunde bekamen auch den Schweißgeruch von entspannten oder erfreuten Personen zu riechen, aber da nutzten die Hunde beide Nasenlöcher in gleichem Umfang.

DIE WISSENSCHAFT ERKLÄRT: RECHTS ODER LINKS?

- Die allermeisten Hunde sind entweder linkspfotig oder rechtspfotig, das heißt, sie nutzen nur eine Pfote, um kompliziertere Aufgaben zu bewältigen.

- Einen Aktivitätsball zu nutzen, um zu erkennen, ob ein Hund rechts- oder linkspfotig ist, kann fehlschlagen. Genau wie der Mensch nutzt der Hund wahrscheinlich die „falsche Pfote", um einen Gegenstand festzuhalten und die „richtige Pfote" für die Feinmotorik.

- Bei Pinkeln heben die Hunde gleichermaßen oft den rechten wie den linken Hinterlauf.

- Hunde nutzen das rechte Nasenloch, um an der „Furcht von Hunden" zu riechen, während sie das linke Nasenloch einsetzten, um am Schweiß von ängstlichen Menschen zu schnüffeln.

Der ursprüngliche Hund

In diesem Abschnitt suchen wir nach dem Ursprung des Hundes. Der Mensch hat den Wolf vor mindestens 13 000 Jahren domestiziert, evolutionär gesehen einer vergleichsweise wirklich kurzen Zeit. Wie groß sind eigentlich die Unterschiede zwischen dem Verhalten von Wolf und Hund? Und gibt es auch Unterschiede im Verhalten zwischen verschiedenen Hunderassen? Abschließend schauen wir näher auf das Phänomen der Dorfhunde weltweit – insgesamt 80 Prozent aller Hunde der Welt laufen in Dörfern und Städten frei herum.

Der Hund
und der Wolf

Der Wolf war das erste Tier, das der Mensch domestiziert hat– vor mindestens 13 000 Jahren, einer recht kurzen Zeitspanne aus Sicht der Evolution. Die genetischen Unterschiede zwischen Hunden und Wölfen sind sogar so gering, dass Systematiker sie als dieselbe Art ansehen: *Canis lupus*. Wie groß ist dann überhaupt der Unterschied im Verhalten zwischen Hund und Wolf? Und ist das Verhalten angeboren oder das Ergebnis der Aufzuchtbedingungen? Durch Beobachtung des Verhaltens und der Domestizierung des Wolfes lernen wir hoffentlich den Hund noch ein wenig besser verstehen.

In Sibirien haben Archäologen Knochen von hundeähnlichen Wesen gefunden, die älter als 30.000 Jahre sind. Beim Vermessen der Schädel fanden die Wissenschaftler größere Ähnlichkeiten mit ausgestorbenen Wolfstypen als mit Hunden. Es gibt also keine Fossilienfunde, die zu einem so frühen Zeitpunkt die ersten Hunde datieren. Fossilien, die mit den heutigen Hunden übereinstimmen, fand man dagegen im Mittleren Osten und in Europa. Diese Funde zeigen, dass die ersten Hunde vor mindestens 14.000 Jahren bereits existierten, ja vielleicht sogar vor 17.000 Jahren. Analysen des Genoms sowohl des Wolfs wie auch des Hundes haben ergeben, dass diese Datierung nicht so weit hergeholt ist. Den Forschern ist es bisher jedoch nicht gelungen, den Zeitraum noch enger zu fassen. Es lässt sich lediglich feststellen, dass der moderne Hund irgendwann vor 13.000 bis 32.000 Jahren ins Leben trat. Warum ist es selbst mit den heutigen Methoden so schwer, eine genauere Datierung treffen? Am schwierigsten dabei ist wohl, dass es nicht *den* Startpunkt und den Ort der Domestizierung gab – überall auf der Welt kam es zu verschiedenen Zeitpunkten zu Domestizierungen. Ein weiterer erschwerender Faktor, den Zeitpunkt der Domestizierung des Hundes genauer festzustellen, hängt damit zusammen, dass die ersten Hunde sich mit Wölfen rückgekreuzt haben. Diese Hybridisierung sehen wir auch heutzutage, zum Beispiel im Kaukasus, wo große Herdenschutzhunde das frei in den Bergen herumstreifende Vieh bewachen. In molekularen Analysen, die Natia Kopaliani et al. 2014 vornahmen, kam heraus, dass 13 Prozent der Herdenschutzhunde und 10 Prozent der Wölfe im Kaukasus Hybriden zwischen Hund und Wolf waren. Im schwedischen Värmland hat eine Ylva genannte Wölfin Anfang der 1990er Jahre einen Jämthund Picko beispielsweise den Hof gemacht. Ylva bekam Verhütungsmittel, um unerwünschte Hybriden zu verhindern. Ein paar Jahre später wurde Ylva aber schließlich getötet, nachdem sie weiterhin großes Interesse an den Rüden der Region gezeigt hatte.

Wie lief die Domestizierung des Wolfes wohl ab? Neue Studien zu den Unterschieden im Genom von Wolf und Hund geben Anhaltspunkte dazu. Erik Axelsson und Kerstin Lindblad-Toh von der Universität Uppsala veröffentlichten gemeinsam mit einem großen Kollegenteam 2013 einen Artikel in der führenden wissenschaftlichen Zeitschrift *Nature*. Sie hatten herausgefunden, dass einer der größeren Genomunterschiede zwischen Hund und Wolf darin lag, dass es beim Hund Mutationen gibt, die ihn besser Stärke aufschließen lassen. Dies stützt eine der Haupthypothesen für die Erklärung des Aufkommens des Hundes, nämlich, dass Wölfe an den Rändern der ersten landwirtschaftlichen Dörfern herumgestreift sind, um zwischen den Haushaltsabfällen nach Futter zu wühlen. Die Fähigkeit, Nahrung nicht nur aus Fleisch, sondern auch aus Pflanzenmaterial zu gewinnen, war eine Grundvoraussetzung für die Domestizierung des Wolfes.

Aber es reicht nicht aus, sich menschliche Nahrung zunutze zu machen. Die ersten Wölfe, die sich Menschen anschlossen, mussten auch lernen, nicht nur die Nähe des Menschen zu tolerieren, sondern sie auch zu mögen. Die deutschen Forscher Alex Cagan und Torsten Blass zeigten 2016 in einem Artikel, erschienen in der Zeitschrift *BMC Evolutionary Biology*, das es tatsächlich so gewesen ist. Als sie das Erbmaterial von 69 Hunden und sieben Wölfen miteinander verglichen, zeigte sich, dass die größten Unterschiede an Faktoren wie Stress, Furcht und Verteidigung gekoppelt waren. Die Wölfe produzierten mehr Adrenalin, das Hormon, das den Körper in Alarmbereitschaft versetzt und bestimmt, ob Flucht oder Kampf angesagt ist. Die zweite Grundvoraussetzung für die Domestizierung des Wolfes, dass nämlich die angeborene Furcht vor dem Menschen eingedämmt war, war damit erfüllt. Die ersten Wölfe, die Urahnen der heutigen Hunde, taten sich also nicht nur dann und wann an den Essensresten der Menschen gütlich, sondern sie suchten die Dörfer regelmäßig auf. Weil sie verstanden, dass der Mensch keine Gefahr bedeutete, brauchten sie auch nicht mehr ängstlich zu sein oder aggressives Verhalten zu zeigen. Diese Verhaltensänderung war ein entscheidender Schritt für die ersten Wölfe, die die Vorfahren der Hunde wurden. Sie lernten immer mehr, den Menschen und seine Absichten zu verstehen und damit die Entwicklung zu dem sozialen Geschöpf zu beginnen, die der Hund heute ist.

Friederike Range und Zsofia Viranyo haben im *Wolf Science Center* bei Wien die Verhaltensunterschiede zwischen dem modernen Hund und dem Wolf studiert. 2015 veröffentlichten sie einen Übersichtsartikel in der Zeitschrift *Frontiers in Psychology*, in dem sie zusammenfassten, wie weit man bisher in dem Forschungsbereich gekommen war. Die Forscher stellten fest, dass kein Unterschied darin zu finden war, wie Hunde und Wölfe sozial interagieren, sei es im Rudel oder gegenüber Menschen, die sie kennen. Wolfswelpen waren den Forschern gegenüber genauso aufmerksam und kooperationswillig wie Hundewelpen. Dagegen waren Wolfswelpen scheuer gegenüber fremden Menschen und reagierten stärker auf plötzliche Geräusche und neue Objekte. Vielleicht ist es ja nicht die soziale Fähigkeit an sich, die den Hund vom Wolf unterscheidet, sondern eher die Fähigkeit des Hundes, sowohl bekannte als auch mehr oder weniger fremde Menschen ohne allzu große Stressentwicklung zu akzeptieren.

Die Forschergruppe am *Wolf Science Center* veröffentlichte 2015 auch einen Artikel in *Proceedings of the Royal Society B*, der, vielleicht etwas erstaunlich, zeigte, dass Wölfe sich in Bezug auf Nahrung untereinander toleranter verhielten als Hunde. Die Forscher hatten paarweise Vergleiche Hund-Hund und Wolf-Wolf angestellt. Die Hunde waren zwischen 9 und 18 Monaten alt und kamen aus fünf verschiedenen Rudeln. Die Wölfe waren zwischen 6 und 18 Monaten alt und kamen aus sechs verschiedenen Rudeln. Die Forscher hatten im Vorfeld festgelegt, welche Verhalten als dominant beziehungsweise als devot eingestuft werden sollten. Sie hatten zudem vorher spontane Interaktionen zwischen den Tieren beobachtet, um so beurteilen zu können, welche Individuen einen höheren bzw. niedrigeren Rang im Rudel hatten. Paarweise kamen sie in einen Proberaum, wo Futter, entweder rohes Fleisch oder ein großer Knochen, unter einer Holzkiste lag, die angehoben wurde, wenn sie in die Nähe kamen. Unter Wölfen konnten die Tiere mit niedrigerem Rang problemlos höherrangige Tiere herausfordern und umgekehrt. Ein Hund mit niedrigerem Rang dagegen forderte niemals einen höherrangigen Hund heraus und ein Hund mit niedrigerem Rang, der gereizt wurde, wich direkt ohne die geringsten Anzeichen von Aggression aus. Bereits ältere Studien bestätigen, dass Hunde untereinander weniger tolerant sind als Wölfe untereinander. Aber vielleicht ist es auch so, dass rangniedrigere Hunde stärker auf eine konfliktgeladene Situation reagieren und gelernt haben, sich besser zurückzuziehen als zu provozieren.

Die Forscher vermuten mehrere mögliche Erklärungen, wie dieses unterschiedliche Verhalten entstanden sein könnte - aber in Wahrheit wissen wir bis heute nicht, warum Wölfe in so einer Situation toleranter sind. Allerdings hat das Bild vom großen, bösen Wolf einen erheblichen Dämpfer bekommen!

Das Forscherteam vom *Wolf Science Center* stellte sich auch die Frage, ob sich die Entdeckerlust zwischen Hund und Wolf unterscheidet. Der Drang, seine Umgebung zu erkunden, ist wichtig für Überleben und Reproduktion vieler Tiere. Wo finde ich zu welcher Zeit Futter? Gibt es Fluchtwege und Verstecke nahebei, falls ein Raubtier angreifen sollte? Wo gibt es die beste Möglichkeit, einen Partner zu finden? *Neophobie* ist der direkte Gegenspieler zur Entdeckerlust. Ein Tier, das Zeichen von Neophobie zeigt, vermeidet aktiv ein Objekt, eine Situation oder eine Umgebung, auf die es zuvor noch nicht gestoßen ist. Das Tier minimiert Risiken, aber verpasst gleichzeitig auch die Chance, etwas Neues zu lernen. Können vielleicht Familienhunde, die ständig neuen Eindrücken im Alltag begegnen, gelernt haben, weniger ängstlich gegenüber neuen Objekten oder Situationen zu sein? Familienhunde müssen auch keinesfalls für ihr Überleben so kämpfen wie Wölfe, sondern sie leben ein sicheres Leben zusammen mit dem Menschen mit einem ständig gefüllten Futternapf und extrem geringem Risiko, einem Raubtier zu begegnen. Vielleicht ist dadurch die Entdeckerlust bei Hunden geringer? Für den Wolf ist die Entdeckerlust direkter mit dem Überleben verbunden. Ist vielleicht der Wolf deshalb vorsichtiger in für ihn neuen Situationen? Um Antworten auf diese Fragen zu finden, konfrontierten die Forscher 13 Hunde und 11 Wölfe mit insgesamt 38 für sie jeweils unbekannten Objekten, z. B. Fahrrad, Ballon, Helm, Teddybär usw. Die Tiere machten sich mit den fremden Objekten alleine, gemeinsam mit einem Rudelmitglied oder zusammen mit dem gesamten Rudel bekannt. Sowohl beim Hund als auch beim Wolf war die Entdeckerlust in Gesellschaft von einem oder mehreren Rudelmitgliedern größer als alleine. Wahrscheinlich fühlten sie sich sicherer und entspannter gegenüber dem neuen Objekt, wenn sie das Risiko mit jemand anderem teilen konnten. Die größte Entdeckerlust hatten die Tiere, denen zusammen mit einem Rudelmitglied ein unbekanntes Objekt präsentiert wurde. Aber das Ergebnis zeigte auch deutliche Unterschiede zwischen Wölfen und Hunden. In bis zu 10 Prozent der Fälle kümmerten sich die Hunde nicht einmal darum, zum Gegenstand hinzugehen, während die Wölfe ausnahmslos richtig hingingen. Die Wölfe näherten sich dem unbekannten Gegenstand langsamer und untersuchten sie länger als die Hunde. Aber gleichzeitig waren sie nervöser, und besonders ältere Wölfe flüchteten wiederholt vor dem Gegenstand. Zusammengefasst bestätigt das Ergebnis, dass der Hund im Lauf der Evolution unbekannten Objekten gegenüber die Neugierde verloren hat. Der Wolf dagegen zeigt sowohl eine größere Entdeckerlust als auch, vielleicht ein wenig widersprüchlich, größere Furcht als der Hund.

Der Wolf ist ein Rudeltier, und um eine große Beute wie beispielsweise einen Elch zu schlagen, bedarf es einer guten Zusammenarbeit. Einzelne Rudelmitglieder müssen ihren ersten Impuls bremsen, auf Angriff zu gehen und stattdessen die richtige Gelegenheit zu einem synchronisierten Angriff aller im Rudel abwarten. Beim Wolf bekommt auch nur das Leitpaar Welpen, während alle Rudelmitglieder beim Großziehen dieser Welpen mithelfen. Mit anderen Worten erwarten wir, dass der Wolf einen höheren Grad der Impulskontrolle besitzt. Auch wenn der Hund nicht in gleichem Maß ein Rudeltier ist wie der Wolf, sollte die Zucht zu einem weniger reaktiven Temperament geführt haben.

Das beweist zumindest die einzigartige Fähigkeit der Hunde, erst auf Signal ihres Menschen aktiv zu werden.

Der Hund schaut reglos auf seinen Halter, um zu erfassen, wie er sich jetzt verhalten soll, was ganz klar ein großes Maß an Impulskontrolle erfordert. Um herauszufinden, ob es Unterschiede in der Impulskontrolle bei Hunden und Wölfen gibt, unternahmen die Forscher vom *Wolf Science Center* zwei unterschiedliche Versuche: Den Umwegtest und den Zylindertest. Beim Umwegtest wird eine Belohnung in Form von Futter hinter einem Maschendrahtzaun positioniert und dann schaut man, wie sich Wölfe bzw. Hunde verhalten. Die Ergebnisse waren widersprüchlich. Der Wolf lernte schneller, den Umweg um den Zaun herum zu nehmen, um an die Belohnung zu kommen, während der Hund häufiger hinter dem Zaun in unmittelbarer Nähe zum unerreichbaren Futter blieb (kürzester Weg). Der Wolf hatte in diesem Test also eine bessere Kontrolle über seinen ersten Impuls, in unmittelbarer Nähe zum Futter zu bleiben. Im Zylindertest dagegen war der Hund besser darin, direkt

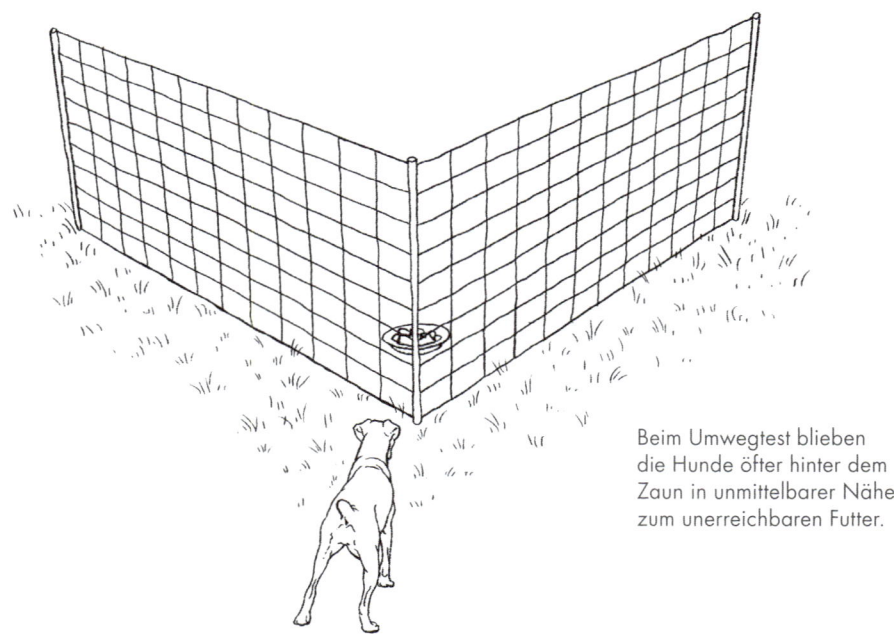

Beim Umwegtest blieben die Hunde öfter hinter dem Zaun in unmittelbarer Nähe zum unerreichbaren Futter.

Im Zylindertest war der Hund besser darin, Leckerchen zu finden, die innerhalb des liegenden, durchsichtigen Zylinders lagen.

Leckerchen zu finden, die innerhalb eines liegenden, durchsichtigen Zylinders platziert waren. Der Wolf versuchte öfter als der Hund, die Nase direkt auf den Zylinder (nächster Weg) zu positionieren, statt sich runterzubeugen und das Leckerchen von der Seite her zu nehmen. Die Wissenschaft ist sich über die Gründe dieses Ergebnisses noch nicht im Klaren. Eine Theorie ist, dass der Wolf ein besseres Raumgefühl hat als der Hund: Ich bin hier und die Belohnung ist da. Um zur Belohnung zu kommen, muss ich also einen Umweg um den Zaun herum nehmen. Einige vorangegangene Studien haben auch gezeigt, dass der Wolf mit dem Labyrinthversuch besser zurechtkommt als der Hund, was diese Hypothese stützt. Die Erfolge der Hunde beim Zylindertest können darauf beruhen, dass sie den Menschen genauer beobachten, wenn er die Leckerchen im Zylinder platziert. Leider war der Versuch nicht so angelegt, dass die Forscher derartige Unterschiede messen konnten. Das letzte Wort ist noch nicht gesprochen. Hier bietet sich ein breites Feld für weitere wertvolle Versuche!

Ein Versuch von Monique Udell aus Oregon, USA, könnte ein weiteres Puzzleteil in puncto Impulskontrolle von Hund und Wolf sein und Licht ins Dunkel bringen: Um an eine Wurst in einer durchsichtigen Kunststoffschachtel heranzukommen, mussten Hunde und Wölfe an einer im Deckel befestigten Schnur ziehen. Ganze 80 Prozent der Wölfe, aufgezogen vom Menschen seit dem Alter von zwei Wochen, schafften es, an die Wurst zu kommen, aber nur fünf Prozent der Hunde brachten dies fertig. Stattdessen starrten die Hunde wesentlich länger als die Wölfe auf die schweigende Person, die mit im Raum war. In einem letzten Versuch wurden die Hunde begeistert von der Person angefeuert. Damit lösten sie die Aufgabe etwas besser, aber vor allem versuchten sie wesentlich länger als zuvor, den Deckel aufzubekommen. Dieses Experiment zeigt, dass die selbständigeren Wölfe wohl die räumlichen Verhältnisse besser verstehen als Hunde, die sich mehr darauf verlassen, dass der Mensch sie bei der Lösung unterstützt.

DIE WISSENSCHAFT ERKLÄRT: DER HUND UND DER WOLF

- Wolf und Hund gehören der gleichen Art an (*Canis lupus*). Der Hund wird von dem meisten Systematikern als Unterart des Wolfes angesehen (*Canis lupus familiaris*).

- Vor 13.000 bis 32.000 Jahren erblickte der moderne Hund das Licht der Welt. Genauer lässt sich das nicht sagen, weil sich die Domestizierung über einen längeren Zeitraum entwickelte und Rückkreuzungen zwischen Wolf und Hund üblich waren.

- Der Hund besitzt Mutationen, die ihn Stärke besser aufschließen lassen als der Wolf, und so kann er Futter aus Pflanzenmaterial zu sich nehmen.

- Der Hund produziert nicht so viel Adrenalin wie der Wolf und erreicht dadurch kein so hohes Stressniveau in der Nähe von Menschen.

Hunderassen

Kurze oder lange, dicke oder dünne – die Bandbreite zwischen verschiedenen Hunderassen ist schon ein wenig verblüffend. Denken Sie nur an den langnasigen Afghanen im Vergleich zum kurznasigen Mops. Oder eine Deutsche Dogge, die etwa fünfzig Mal so schwer und zehn Mal so groß ist wie ein Chihuahua! Die Unterschiede zwischen verschiedenen Hunderassen können so groß sein, dass sie eher verschiedenen Tierfamilien anzugehören scheinen als Variationen ein- und derselben Art zu sein! Heutzutage gibt es mehr als 400 Hunderassen, von denen jede ihren eigenen Rassetyp oder -standard besitzt, soll heißen ein erstrebenswertes Ideal dafür, wie die jeweilige Rasse aussehen „muss". Die enormen Unterschiede im Aussehen und Verhalten, die wir bei verschiedenen heutigen Hunderassen sehen, sind das Ergebnis von kontrollierter Zucht. Die Entwicklung in der Zuchtarbeit nahm besonders mit den ersten Hundeausstellungen und -züchterverbänden in Europa vor gut einhundert Jahren Fahrt auf.

Aktuell im 21. Jahrhundert ermöglicht die rasante Entwicklung in der Gentechnik, insbesondere der Genanalyse, die Erstellung eines Ordnungssystems, wie verschiedene Hunderassen miteinander verwandt sind. Die erste dieser Studien erschien 2004 in der wissenschaftlichen Zeitschrift *Science*. Eine amerikanische Forschergruppe unter Leitung von Heidi G. Parker untersuchte fast 400 Hunde aus 85 verschiedenen Rassen und fand heraus, dass alle Hunderassen, außer zweien, genetisch verschieden waren. Anhand von Genanalysen ließ sich auch erkennen, dass Rassen, die sich zuerst in Asien und Afrika entwickelt hatten, ursprünglicher sind (d. h. sie wurden vor geraumer Zeit als eigene Rassen separiert) als die eher modernen Rassen, die sich hauptsächlich in Europa entwickelt haben. Forscherteams konnten drei Gruppen von Hunderassen in Europa unterscheiden: Eine, die Mastiff-ähnliche Hunde enthielt, eine mit Windhunden und Hütehunden und schließlich die größte Gruppe, die unter anderem Jagdhunde und Gesellschaftshunde beinhaltet. Drei Jahre später führte das Forscherteam genauere Genanalysen von noch mehr Hunden durch, und auch dieses Mal wurden diese drei Hauptgruppen bestätigt. Aber jetzt wurde die Gruppe mit Windhunden und Hütehunden in zwei Gruppen geteilt.

Die größte Gruppe von Jagdhunden und Gesellschaftshunden beinhaltete nun auch Schweißhunde und Spaniel. Das aktuelle Wissen über die Verwandtschaftsverhältnisse von 76 verschiedenen Hunderassen ist in der Grafik auf der nächsten Seite dargestellt und das Ergebnis einer größeren internationalen Kooperation, die 2010 in der wissenschaftlichen Zeitschrift *Nature* veröffentlicht wurde. Spitze und Rassen vom Urhundetyp sind ganz nah mit dem Wolf verwandt und daher im sogenannten Kladogramm, einer Darstellung der Abstammungsbeziehungen, am nächsten beim Wolf positioniert. Innerhalb der modernen Hunderassen lassen sich elf verschiedene Gruppen unterscheiden. Die Einteilung nach genetischen Faktoren und die klassische Einordnung nach Aussehen und Verhalten in verschiedene Hauptgruppen, wie sie die Zuchtverbände anwenden, stimmen auffallend überein. Alles andere wäre auch merkwürdig. Zu den Zwerghunden zählt dabei eine heterogenere Vielzahl an Rassen, als man bisher dachte. Hierfür verantwortlich sind wiederholte Verpaarungen zwischen einer größeren Hunderasse und einem Zwerghund (oder Zwergform einer größeren Hunderasse), sogenannte Hybridisierungen. Ähnlich ist es bei den Gebrauchshunden, deren genetischer Ursprung anzeigt, dass die uns heute bekannten Rassen durch mehrfache Verpaarungen verschiedener Hunderassen entstanden sind.

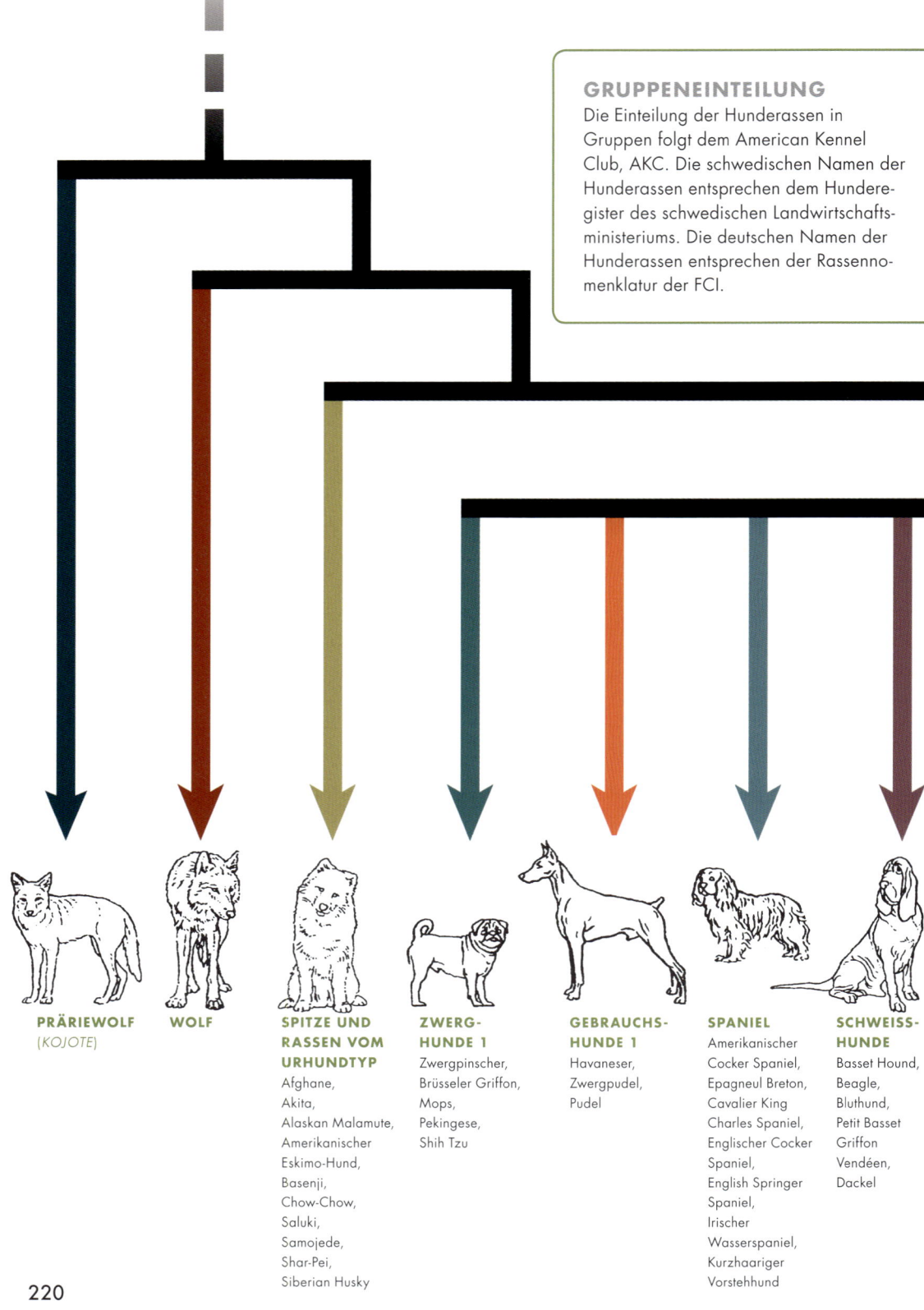

GRUPPENEINTEILUNG

Die Einteilung der Hunderassen in
Gruppen folgt dem American Kennel
Club, AKC. Die schwedischen Namen der
Hunderassen entsprechen dem Hunde-
gister des schwedischen Landwirtschafts-
ministeriums. Die deutschen Namen der
Hunderassen entsprechen der Rassenno-
menklatur der FCI.

PRÄRIEWOLF
(KOJOTE)

WOLF

**SPITZE UND
RASSEN VOM
URHUNDTYP**
Afghane,
Akita,
Alaskan Malamute,
Amerikanischer
Eskimo-Hund,
Basenji,
Chow-Chow,
Saluki,
Samojede,
Shar-Pei,
Siberian Husky

**ZWERG-
HUNDE 1**
Zwergpinscher,
Brüsseler Griffon,
Mops,
Pekingese,
Shih Tzu

**GEBRAUCHS-
HUNDE 1**
Havaneser,
Zwergpudel,
Pudel

SPANIEL
Amerikanischer
Cocker Spaniel,
Epagneul Breton,
Cavalier King
Charles Spaniel,
Englischer Cocker
Spaniel,
English Springer
Spaniel,
Irischer
Wasserspaniel,
Kurzhaariger
Vorstehhund

**SCHWEISS-
HUNDE**
Basset Hound,
Beagle,
Bluthund,
Petit Basset
Griffon
Vendéen,
Dackel

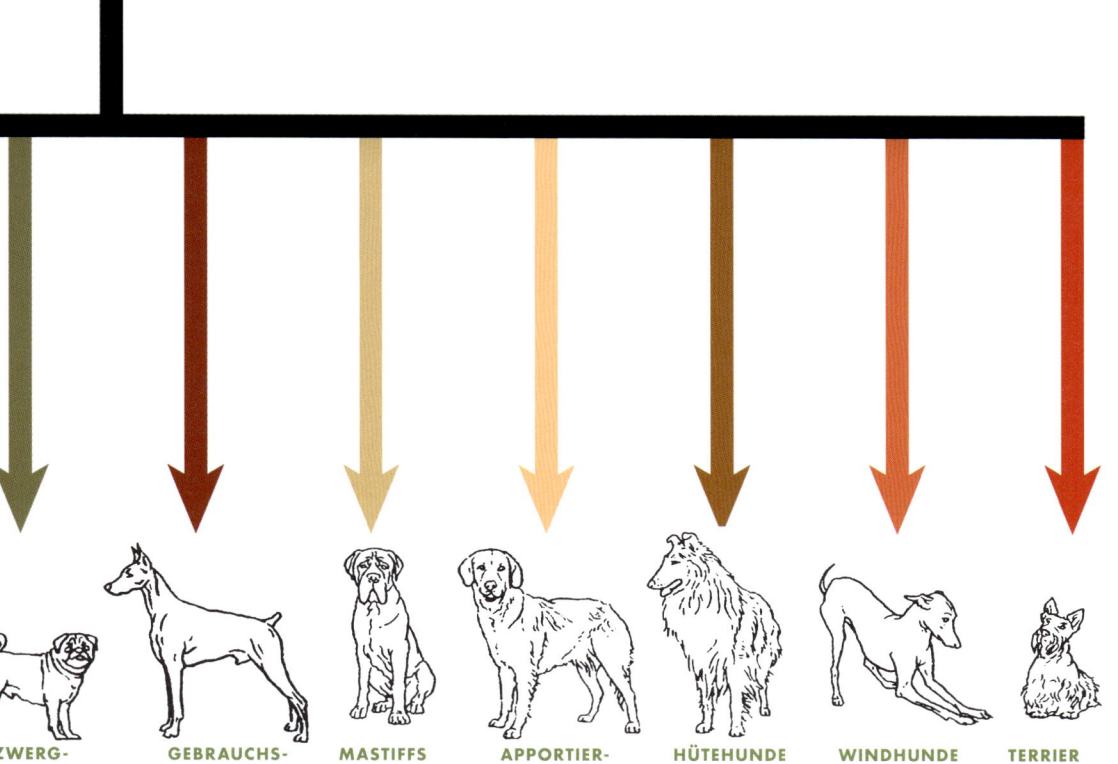

ZWERGHUNDE 2
Chihuahua,
Papillon,
Pomeranian

GEBRAUCHSHUNDE 2
Dobermann,
Zwergschnauzer,
Schnauzer,
Schäferhund,
Portugiesischer
Wasserhund

MASTIFFS
Boxer,
Bulldogge,
Bullmastiff,
Französische
Bulldogge,
Irish Glen of
Imaal Terrier,
Mastiff,
Miniatur
Bullterrier,
Staffordshire
Bullterrier

APPORTIERHUNDE
Berner
Sennenhund,
Flatcoated
Retriever,
Golden Retriever,
Deutsche Dogge,
Labrador
Retriever,
Neufundländer,
Rottweiler,
Bernhardiner

HÜTEHUNDE
Australian
Shepherd,
Border Collie,
Collie,
Bobtail,
Shetland
Sheepdog,
Welsh Corgi

WINDHUNDE
Borzoi,
Greyhound,
Irischer
Wolfshund,
Italienischer
Windhund,
Bearded Collie,
Whippet

TERRIER
Australian Terrier,
Boston Terrier,
Briard,
Cairn Terrier,
Jack Russell
Terrier,
Norwich Terrier,
Scottish Terrier,
West Highland
White Terrier,
Yorkshire Terrier

Ein japanisches Forscherteam unter Akiko Tonoike war neugierig, ob Spitze und andere ursprüngliche Hunderassen sich anders verhielten als moderne Hunderassen. Sie wollten auch herausfinden, inwieweit sich das Verhalten zwischen verschiedenen Gruppen moderner Hunde unterschied. Viele dieser Hunderassen entstanden in den letzten 150 Jahren durch sorgfältig kontrollierte Zucht. Vielleicht konnten sich in dieser relativ kurzen Zeit nicht so große Verhaltensunterschiede entwickeln? In dem 2015 in *Scientific Reports* veröffentlichten Artikel gingen Akiko Tonoike et al. von den allerneuesten, auf genetischen Studien basierenden Gruppeneinteilungen der Hunde aus. Hundehalter in Japan und den USA sollten via Internet auf einhundert Fragen Auskunft geben, wie ihre Hunde auf verschiedene Ereignisse und Reize in der letzten Zeit reagiert hatten. Es wurde ein standardisierter Fragebogen mit der Bezeichnung C-BARQ eingesetzt, der sich schon früher bewährt hatte, um Verhaltensprobleme bei Hunden zu bewerten. Insgesamt bekamen die Forscher Antworten von Hundehaltern von 2.951 Hunden in Japan und 10.380 Hunden in den USA. Analysen dieses umfangreichen Materials zeigten in einem Aspekt eine markante Verhaltensdifferenz zwischen ursprünglichen und modernen Hunderassen: Spitze und Rassen vom Urhundtyp (Akita, Basenji, Samojede, Siberian Husky und Shiba) waren nicht so anhänglich und dürsteten nicht in gleichem Umfang nach Aufmerksamkeit wie moderne Hunderassen. Wahrscheinlich ist die eher reservierte Art ein ursprünglicheres, wolfsähnliches Verhalten, das sich bei modernen Hunderassen durch Zucht weggeschliffen hat. Unter den modernen Hunderassen unterschied sich die Gruppe aus Dobermann und Deutschem Schäferhund deutlich von anderen Hunderassen. Sie waren weniger ängstlich gegenüber fremden Hunden, Menschen und Situationen und weniger aggressiv gegenüber Familienmitgliedern und weniger rastlos als andere moderne Rassengruppen. Weil nur Familienhunde und keine Arbeitshunde in dieser Studie vertreten waren, spiegelt dieses Verhalten wahrscheinlich eher ein gezüchtetes als ein gelerntes

Verhalten wider. In Bezug auf Aggressivität hatten einige Hundegruppen die Nase vorn: Zwerghunde wie zum Beispiel Chihuahua, Mops, Papillon und Pomeranian zeigten aggressiveres Verhalten gegenüber fremden Menschen und Hunden, während Labrador Retriever und Golden Retriever zu den am wenigsten Aggressiven gehörten.

Weil bei Gebrauchshunden über die Jahrhunderte hinweg klare Zuchtziele verfolgt wurden, erwarten man eigentlich deutliche Unterschiede im Verhalten zwischen Gebrauchs- und Familienhunden. Aber heute leben die meisten Hunderassen als Familienhunde, unabhängig davon, welche Arbeitsaufgabe sie früher hatten. Können wir heutzutage dann überhaupt noch Unterschiede im Hundeverhalten erwarten, und wenn ja, in welcher Weise? Diese Fragen untersuchte kürzlich ein Forscherteam um Helena Eken Asp von der Schwedischen Universität für Agrarwissenschaften. Wie auch die japanischen Forscher bedienten sich auch die schwedischen Forscher des C-BARQ-Fragebogens und des Internets, um Informationen über das Verhalten privat gehaltener Hunde zu erhalten. Insgesamt waren 3.591 Hunde an der Studie beteiligt, verteilt auf elf Hunderassen, die als Gebrauchshunde beim schwedischen Gebrauchshundeverband registriert waren (Australian Shepherd, Australian Kelpie, Boxer, Briard, Dobermann, Hovawart, Malinois, Riesenschnauzer, Rottweiler, Tervueren, Deutscher Schäferhund) sowie neun Hunderassen, die Familienhunde waren (American Staffordshire Terrier, Berner Sennenhund, Chihuahua, Golden Retriever, Jack Russell Terrier, Lagotto Romagnolo, Nova Scotia Duck Tolling Retriever, Rhodesian Ridgeback, Sheltie). Die Verhaltensunterschiede waren deutlich: Alle Gebrauchshunde zeigten durchweg Alltagsverhalten, das einander ähnelte und sich deutlich vom Verhalten der Familienhunde unterschied. Die Gebrauchshunde waren eher daran interessiert, mit Menschen zu spielen, ließen sich leichter trainieren und waren weniger ängstlich als die Familienhunde.

Es liegt auf der Hand, dass es Verhaltensunterschiede zwischen verschiedenen Hunderassen und zwischen Gebrauchs- und Familienhunden gibt. Aber gibt es generelle Verhaltensmuster, die beispielsweise kurznasige von langnasigen Hunden, lange von kurzen Hunden oder schlanke von dicken Hunden unterscheiden? Im Zusammenhang mit der Zucht von gewissem Aussehen können wir bewusst oder unbewusst dazu beigetragen haben, dass auch gewisses Verhalten auffälliger wurde. Zumindest, wenn es einen genetischen Zusammenhang zwischen Aussehen und Verhalten gibt. Dies wollten australische Forscher um Holly R. Stone mit Hilfe umfangreichen Materials herausfinden, das vom schwedischen Gebrauchshundeverband erhoben worden war.

In die Studie, die zwischen 1997 und 2014 stattfand, waren knapp 67.000 Hunde aus 45 verschiedenen Rassen einbezogen. Jeder Hund musste zusammen mit dem Versuchsleiter und dem Hundehalter im Wald eine Strecke gehen. Entlang des Weges wurde der Hund mit unterschiedlichen „Szenarien" in einer vorgegebenen Reihenfolge konfrontiert: Sozialer Kontakt, Spielsequenz 1, Verfolgungsjagd, passive Situation, Spiel auf Entfernung, plötzliche Bewegungen, metallische Laute, Begegnung mit einem Gespenst, Spielsequenz 2 und Pistolenschüsse. Eine dritte Person folgte ihnen direkt und notierte, wie der Hund reagierte. Dafür gab es ein Protokoll mit 33 verschiedenen Verhalten, deren Intensität in einer fünfstufigen Skala beurteilt wurde. Und natürlich traten deutliche Muster in dieser Wesensbeschreibung hervor. Große Hunde waren anhänglicher, bereiter zur Zusammenarbeit und verspielter als kleine Hunde, die ein aggressiveres Verhalten zeigten. Schwerere Hunde waren mutiger, neugieriger und aufmerksamer als leichtere Hunde, die vorsichtiger und ängstlicher waren. Mit anderen Worten: Je leichter und kleiner der Hund ist, desto größer ist die Gefahr von unerwünschtem Verhalten. Dieses Bild wird in anderen Studien auch von den Hundehaltern selbst bestätigt. Die Forscher zeigten sich erstaunt,

dass kurznasige Hunde interessierter als langnasige Hunde daran waren, einen kleinen Gegenstand zu jagen. Eigentlich könnte man erwarten, dass langnasige Hunderassen interessierter an der Jagd sind. Verschiedene langnasige Hunde sind ja außerordentlich schnell und bereit, Beute hinterher zu setzen, denken Sie beispielsweise an den Greyhound auf der Hunderennbahn! Frühere Untersuchungen haben auch gezeigt, dass kurznasige Hunde im Allgemeinen eher mit ihren Haltern interagieren als langnasige Hunde. Möglicherweise wird also eher die Lust am Spielen mit dem Halter an sich als der Jagdinstinkt in diesem Test gemessen. Die Forscher können bisher nur spekulieren, warum sich die Verhaltensweisen verschiedener Hunde in Bezug auf Körpergröße und Körperform unterscheiden. In bestimmten Fällen hat der Mensch durch Zucht bewusst gewünschtes Verhalten bei gewissen Hunderassen gefördert. In anderen Fällen haben wir bestimmte Verhaltensweisen „gratis" dazu bekommen, wenn die Zucht vor allem ein typisches Aussehen als Ziel hatte. Wenn es eine genetische Verbindung zwischen Aussehen und Verhalten gibt, können wir unbewusst bestimmte Hunderassen eher verspielt, ängstlich, erregbar oder sozial gemacht haben.

Alle Gebrauchshunde, die in die Zucht gehen, müssen sowohl in Schweden als auch in vielen anderen Ländern eine sogenannte Wesensbeschreibung durchlaufen, für die verschiedene Verhaltensweisen des Hundes getestet werden. Wie dieser Test abläuft, wird weiter vorne in diesem Abschnitt beschrieben, aber Voraussetzung dafür, dass eine solche Beschreibung des Hundeverhaltens ein effektives Werkzeug in der Zuchtarbeit sein kann, ist, dass das Verhalten, das ausgewertet werden soll, erblich ist. Aber trotz über vierzig Jahren Forschung auf diesem Gebiet gibt es keine eindeutigen Antworten auf die Frage, ob das Verhalten, das zu bewerten ist, erblich ist. Bestimmte Studien bestätigten eindeutig, dass manche Verhalten erblich sind, während andere Studien hingegen erbrachten, dass manche Verhalten nur bei einigen Hunderassen erblich sind. Um zu versuchen, irgendwie Klarheit in die Frage zu bringen, führte ein tschechisches Forscherteam eine so genannte Metaanalyse durch, in der die Ergebnisse von 48 veröffentlichten Studien synchron ausgewertet wurden. Lenka Hradecká et al. fanden in dieser Metaanalyse keinen Beleg dafür, dass die aktuell eingesetzten Verhaltenstests überhaupt funktionieren. Klar ist, dass es große Unterschiede im Verhalten verschiedener Hunderassen und -gruppen gibt. Was macht es so schwer, die Vererbung verschiedener Verhaltensweisen in Tests sichtbar zu machen? Es ist denkbar, dass nicht nur das genetische Erbe das Verhalten eines erwachsenen Hundes ausmacht. Die Aufzuchtbedingungen entscheiden mit, welche stabilen Verhaltensmuster der erwachsene Hund aufweist (siehe Kapitel „Die soziale Entwicklung des Welpen"). Auch äußere Umweltfaktoren während der Testdurchführung haben einen wesentlichen Einfluss auf das Ergebnis: Wann im Jahr der Test stattfand, in welchem Verhältnis der Beurteiler zum Hund stand, wie das Wetter während des Tests war, usw. Nicht zuletzt spielt es eine Rolle, ob der Hund vorher schon auf die Schritte der Wesensbeschreibung vorbereitet wurde. All diese Gründe können dazu führen, dass Wesensbeschreibungen nur bedingt geeignet sind, um zu beurteilen, ob ein Hund geeignet für die Zucht ist oder nicht.

Das Ermitteln der Verwandtschaft verschiedener Hunderassen untereinander ist nicht nur von akademischem Interesse, sondern diese Analysen können der Wissenschaft auch dabei helfen, Heilmittel gegen bestimmte Krankheiten zu finden, die Hunde wie auch Menschen betreffen. Dies schreiben Heidi G. Parker und Samuel F. Gilbert in einem Artikel, 2016 veröffentlicht in *Advances in Genomics and Genetics*. In der Regel werden Mäuse eingesetzt, wenn es um die Erforschung genetischer Krankheiten geht. Aber Hunde sind aus zweierlei Gründen besser geeignet: Einerseits, weil der Mensch näher mit dem Hund verwandt ist als mit der Maus, andererseits, weil wir mindestens 360 Krankheiten mit dem Hund gemein haben, darunter Diabetes, Epilepsie und Krebs. Es ist schneller und billiger, Ursachen für Erbkrankheiten beim Hund zu finden als beim Menschen. Der Grund liegt darin, dass verschiedene genetische Erkrankungen nur bestimmte Hunderassen betreffen, zum Beispiel der Knochenkrebs Osteosarkom beim Rottweiler. Die Wissenschaft kann somit die Suche leichter einschränken, wenn die genetischen Variationen stärker begrenzt sind. Es gibt Beispiele dafür, dass erst eine genetische Kartierung einer Krankheit beim Hund, wie etwa die Narkolepsie bei Dobermann und Labrador Retriever, später zur Entdeckung von Mutationen entsprechender Gene beim Menschen führte. Kürzlich hat man sogar mit Hilfe der Gentherapie erfolgreich Muskeldystrophie (Muskelschwund) beim Golden Retriever behandelt, was große Hoffnungen für die zukünftige Therapie der entsprechenden Krankheit beim Menschen weckt. Der Hund ist in vielen Beziehungen der beste Freund des Menschen!

DIE WISSENSCHAFT ERKLÄRT: HUNDERASSEN

- Heute gibt es mehr als 400 Hunderassen, von denen jede ihren eigenen Rassestandard besitzt. Die größten Rassen sind etwa 50 Mal schwerer und 10 Mal größer als die kleinsten Rassen.

- Die moderne, genetische Forschung zeigt, dass Spitze und sogenannte Urhunde die ursprünglichsten Rassen sind. Sie sind in der Regel nicht so anhänglich und verlangen nicht so viel Aufmerksamkeit wie moderne Hunderassen.

- Rassen vom Gebrauchshundetyp sind in der Regel stärker daran interessiert, mit dem Menschen zu spielen und trainiert zu werden und weniger ängstlich als Familienhunde.

- Große Hunde sind meist ergebener, williger zur Zusammenarbeit und verspielter als kleine Hunde. Schwerere Hunde sind kühner, neugieriger und aufmerksamer als leichtere Hunde.

- Je leichter und kleiner der Hund ist, desto größer ist die Gefahr von unerwünschtem Verhalten.

- Kurznasige Hunde interagieren öfter mit dem Menschen als langnasige Hunde.

- Die Wesensbeschreibung der verschiedenen Verhaltensweisen eines Hundes ist nur bedingt geeignet, um Zuchttauglichkeit eines Hundes zu beurteilen.

- Der Mensch hat 360 verschiedene Krankheiten mit dem Hund gemeinsam. Die Erforschung und Behandlung von Erbkrankheiten beim Hund können auch dem Menschen zugutekommen.

Freilaufende Hunde

Dorfköter – wer möchte seinen Hund schon so nennen lassen? Der Begriff „Dorfköter" kam im 19. Jahrhundert auf und bedeutete ursprünglich, dass ein Hund undefinierbarer Rasse frei im Dorf herumlief. Möglicherweise war er auch noch aggressiv und ein Kläffer. Heute wird der Begriff Dorfköter herabsetzend genutzt. Daher werde ich in diesem Kapitel stattdessen das Word „Dorfhund" nutzen, was am ehesten dem englischen Begriff „village dog" entspricht. In Schweden gibt es heute kaum noch Dorfhunde, aber wenn wir über die Landesgrenzen hinausschauen, sind sie durchaus noch ganz normal. Tatsächlich können etwa 80 Prozent der etwa 900 Millionen Hunde auf der Welt als Dorfhunde eingestuft werden, und die allermeisten gibt es natürlich in wärmeren Gegenden der Welt wie in Südamerika, Afrika und Südasien. Diese Hunde bewegen sich frei in den Dörfern und leben vor allem von menschlichen Abfällen, auch wenn sie locker mit einem oder mehreren Haushalten verknüpft sind. Straßenhunde dagegen sind vollkommen herrenlos und es gibt sie ausschließlich in Städten. Sowohl Dorfhunde als auch Straßenhunde leben ein wirklich elendes Leben. Über 60 Prozent der Welpen sterben, und für die, die das Erwachsenenalter erreichen, liegt die durchschnittliche Lebenserwartung bei drei bis vier Jahren.

Dorfhunde haben einen komplett anderen Alltag als Familienhunde in Schweden. In Maharashtra in Westindien beispielsweise leben die Hunde gefährlich, die kein Zuhause für die Nacht haben. Im Schutz der Dunkelheit kommen Leoparden in Dörfer und kleinere Städte, und deren eheste Beute sind gerade Dorfhunde. Dies haben die Forscher Vidya Athreya et al.

herausgefunden, nachdem sie Fellreste in Proben von Leopardenkot untersucht hatten. Hundehaare kam in fast 40 Prozent aller Kotproben vor und das, obwohl es in der Gegend siebenmal mehr Hausziegen gab als Hunde. Aber im Gegensatz zu den rund um die Uhr frei laufenden Dorfhunden genießen die Ziegen einen besonderen Schutz: Tagsüber werden sie von Hirten begleitet und nachts werden sie in Schuppen geschützt.

Wenn die Dorfhunde schon die Hauptbeute der Leoparden sind, wovon leben sie eigentlich selbst? Anhaltspunkte kommen von einer anderen indischen Studie, erhoben von Abhishek Ghoshal, in Himachal Pradesh an der Grenze zum Himalaya. Während der letzten zwanzig Jahre hat in den Bergen der Wandertourismus beträchtlich zugenommen und die Zahl der Restaurants und Hotels in Himachal Pradesh hat sich im gleichen Zeitraum verzehnfacht. Mehr Menschen bedeuten mehr Abfälle und es gibt mehr Fressbares für die Dorfhunde zu holen. Hierdurch konnten sich die Dorfhunde so vermehren, dass sie inzwischen eine Gefahr sowohl für das Vieh der Bewohner als auch für wilde Tiere im angrenzenden Naturbereich darstellen.

Ähnlich ist es in Südchile: Dort geht man davon aus, dass Dorfhunde auf der Suche nach Futter in benachbarte Schutzgebiete abwandern. Aber wie groß ist das Problem wirklich? Vielleicht ist es ja doch so, dass sich die Hunde meist in der Nähe der Dörfer aufhalten? Um diese Fragen beantworten zu können, statteten Maximiliano Sepúlveda et al. 14 Hunde mit GPS-Halsbändern aus. Die GPS-Daten zeigten, dass diese Hunde sich nur eine Stunde pro Tag vom Dorf entfernten, um Futter zu suchen, und das auch nur tagsüber. Die allermeisten Hunde entfernten sich nicht weiter als 500 bis 1900 Meter weg vom Dorf, und sie bewegten sich hauptsächlich entlang von Wegen und Wasserläufen. Die Dorfhunde bevorzugten offene Weidelandschaft und

vermieden Wälder, solange es keine größeren Wege gab. Die restlichen 23 Stunden des Tages hielten sich die Hunde im Umkreis von 200 Metern um das Dorf auf. Hiermit ist klar, dass diese Dorfhunde keine größere Gefahr für wilde Tiere in den umliegenden Naturbereichen darstellen. Andererseits beobachteten die Forscher auch, dass sich einzelne Hunde eigenständig viel weiter weg begaben, obwohl sie ein Zuhause und Halter hatten.

Wie sieht es damit in Schweden aus? Sind frei laufende Hunde eine Gefahr für das Wild in Schweden? Es ist allgemein bekannt, dass Hunde in Schweden in der Zeit vom 1. März bis zum 20. August bei Gängen in die Natur unter besonderer Aufsicht gehalten werden sollen. Auch wenn es keinen absoluten Leinenzwang gibt, sollen Sie Ihren Hund so unter Aufsicht haben, dass er höchstens wenige Meter weg geht. Es soll etwas wie eine unsichtbare Leine zwischen Ihnen und Ihrem Hund geben. Dieser Paragraph im Gesetz im Hinblick auf Kontrolle über seinen Hund ist entstanden, um Wildtiere in der Brut- und Setzzeit zu schützen. Aber auch den Rest des Jahres sollen die Hunde so unter Aufsicht gehalten werden, dass sie nicht wildern gehen. Die Jagd mit freilaufenden Hunden ist jedoch eine Ausnahme im Gesetz.

Zwei schwedische Studien haben untersucht, wie sich Rehwild bzw. Elche verhalten, wenn sie frei laufende Jagdhunde hinter sich haben. Anders Jarnemo und Camilla Wikenros von der Grimsö Forschungsstation haben drei Jagdsaisons lang untersucht, wie sich Rehwild in Kolmårdens tiefen Wäldern verhielt. Insgesamt neun Hirschkühe und vier Rehböcke waren zu einem früheren Zeitpunkt mit GPS-Halsband versehen worden. Die Forscher konnten daher detailliert die Bewegungen des Rehwildes verfolgen, wenn die Jagdhunde, entweder reine Wachtelhunde oder eine Mischung aus Wachtelhund und Nordischem Elchhund, in ihre Nähe kamen. GPS-Halsbänder zeigten, dass die Rehböcke fünf Kilometer weit flohen, wenn die Jagdhunde sich näherten, während die Hirschkühe halb so weit flüchteten. Die größte Entfernung, fünfzehn Kilometer, lief allerdings eine Hirschkuh. Im Allgemeinen dauerte es fast einen Tag, bevor sie wieder in ihr Heimatrevier zurückkehrten. In einer entsprechenden Studie in Dänemark dauerte es bis zu fünf Tage, bevor das Rehwild zurückkam, was vielleicht darauf beruht, dass die Landschaft dort viel offener ist als in den Wäldern von Kolmården. Rehwild geht normalerweise nicht gerne in offenes Gelände. Als die Jagd in Kolmården in der darauf folgenden Woche wieder aufgenommen wurde, liefen die Rehe noch schneller weg als in der ersten Woche. Offensichtlich waren sie dieses Mal noch mehr auf der Hut.

Aber vielleicht lässt sich der König des Waldes, der Elch, von ein bisschen Hundegebell nicht so leicht ins Bockshorn jagen? In Nordamerika gehen die Elche bei angreifenden Wölfen häufig zum Gegenangriff. Wenn es nur wenige Wölfe sind oder zu viel Schnee einen Angriff erschwert, treten die Wölfe eher den Rückzug an, als eine Verletzung zu riskieren. Reagieren die Elche auf Hunde genauso wie auf Wölfe? Bleiben sie, um den Kampf mit den bellenden Hunden aufzunehmen wie in Nordamerika oder „nehmen sie die Beine in die Hand" und fliehen? Um diese Fragen zu beantworten, beobachteten Göran Ericsson et al. von der Schwedischen Universität für Agrarwissenschaften in Umeå, wie sich zehn mit GPS-Halsband versehene Elchkühe von der Hundejagd vor Lycksele in Nordschweden verhielten. In 80 Prozent der Fälle flohen die Elche, wenn sich die Nordischen Elchhunde näherten. Im Schnitt flohen sie knapp drei Kilometer Luftlinie, aber die reale Strecke, die sie sich bewegten, war doppelt so lang, weil sie sich in aller Ruhe im Zickzack durch das Gelände vorwärts bewegten. Bemerkten die Elche dagegen die Hunde erst, wenn diese nur noch hundert Meter weg weit waren, flohen die Elche Hals über Kopf, ohne irgendwelche Umwegmanöver.

Genau wie das Rehwild waren die Elche nach dem ersten Vorfall besonders wachsam. Die Forscher kommen zum Resümee, dass die Elche gelernt haben, dass es nicht klug ist, einen vorstehenden Jagdhund herauszufordern: Den Kugeln der Jäger zu entkommen ist kaum möglich. So haben sich die Elche an ein Leben angepasst, in dem nicht der Wolf, sondern der Mensch und seine stellenden Hundebegleiter die größte Gefahr in Schwedens Wäldern darstellen. Vielleicht wird sich das Verhalten der Elche weiter anpassen, sofern sich die Wolfspopulation vergrößern kann. Zahlenmäßig liegen die Wölfe in Schweden heute bei etwa einem Promille der Anzahl der Elche, während es praktisch genauso viele Jäger wie Elche gibt.

DIE WISSENSCHAFT ERKLÄRT: FREILAUFENDE HUNDE

- Es gibt schätzungsweise etwa 900 Millionen Hunde auf der Welt. Etwa 80 Prozent aller Hunde sind Dorfhunde, das heißt Hunde, die frei in den Dörfern herumlaufen und vor allem von Abfällen leben, auch wenn sie locker mit einem oder mehreren Haushalten verknüpft sind.

- Über 60 Prozent der Welpen von Dorfhunden sterben und die mittlere Lebenserwartung liegt bei lediglich 3 – 4 Jahren.

- Im Zusammenhang mit steigenden Tourismuszahlen entstehen mehr Abfälle, was zu mehr Dorfhunden führt. In einigen Teilen der Welt sind diese Hunde eine Gefahr für das Vieh und wilde Tiere geworden. Die meisten Dorfhunde bewegen sich allerdings selten weit weg vom Dorf.

- Bei der Jagd mit Hunden kann Rehwild bis zu 5 km weit fliehen und es dauert in der Regel einen Tag, bevor es sich wieder dem Heimatrevier zuwendet. Ebenso flieht ein Elch vor einem vorstehenden Hund häufig knapp drei Kilometer Luftlinie weit.

Über den Autor

BO SÖDERSTRÖM

Jahrgang 1967, ist Dozent der Naturschutzbiologie und Chef-
redakteur der Fachzeitschrift für Umweltwissenschaften „Ambio"
der Königlich Schwedischen Akademie der Wissenschaften in
Stockholm. Bo Söderström hat in Schweden verschiedene popu-
lärwissenschaftliche Bücher über Tiere (Katzen, Hummeln und
Schmetterlinge) veröffentlicht. Neben über 100 veröffentlichten
wissenschaftlichen und populärwissenschaftlichen Artikeln über
wilde und zahme Tiere berichtet Bo Söderström regelmäßig in
Radio und Zeitungen Wissenswertes über Tiere und Natur.

Literaturverzeichnis

Einleitung

Brodrej, G. 2015. Hunden är kvinnans klimakterie-sladdis. Expressen 17 juni. www.expressen.se/kul tur/hunden-ar-klimakteriekvinnans-sladdbarn/

European Pet Food Industry Federation, fediaf 2012. Facts & Figures 2012.

Hellberg, A. 2013. Hunden, det nya barnet. unt 8 april. http://www.unt.se/leva/hunden-det-nya- bar-net-2363061.aspx

Statistiska Centralbyrån. 2012. Hundar, katter och andra sällskapsdjur 2012.

Der Hund als soziales Wesen

Die soziale Entwicklung des Welpen

Foyer, P. et al. 2016. Levels of maternal care in dogs affect adult offspring temperament. – Scientific Reports 6:19253. doi: 10.1038/srep19253

Howell, T.J. et al. 2015. Puppy parties and beyond: The role of early age socialization practices on adult dog behavior. – Veterinary Medicine: Research and Reports 6: 143–153. doi: 10.2147/ VMRR.s62081

Morrow, M. et al. 2015. Breed-dependent diffe-ren-ces in the onset of fear-related avoidance behavior in puppies. – Journal of Veterina-ry Behavior 10: 286–294. doi: 10.1016/j. jveb.2015.03.002

Robinson, L.M. et al. 2016. Puppy temperament assessments predict breed and American Kennel Club group but not adult temperament. – Jour-nal of Applied Animal Welfare Science. doi: 10.1080/10888705.2015.1127765

Welpentests

McGarrity, M. E. et al. 2015. Which personality dimensions do puppy test measure? A systematic procedure for categorizing behavioral assays. – Behavioural Processes 110: 117–124. doi: 10.1016/j. beproc.2014.09.029

Nagasawa, M. et al. 2016. Comparison of behavio-ral characteristics of dogs in the United States and Japan. – Journal of Veterinary Medical Science 78: 231–238. doi: 10.1292/jvms.15-0253

Roth, L.S.V. & Jensen, P. 2015. Assessing compani-on dog behavior in a social setting. – Journal of Veterinary Behavior 10: 315–323. doi:10.1016/j. jveb.2015.04.003

Hundespiel

Bradshaw, J.W.S. et al. 2015. Why do adult dogs 'play'?. – Behavioural Processes 110: 82–87. doi: 10.1016/j.beproc.2014.09.023

Byosiere S.-E. et al. 2016. Investigating the function of play bows in adult pet dogs (*Canis lupus familia-ris*). – Behavioural Processes 125: 106–113. doi: 10.1016/j.beproc.2016.02.007

Norman, K.M. 2011. Down but not out: Supine postures as facilitators of play in domestic dogs. Filosofie magister-avhandling, Lethbridge universite-tet, Kanada.

Hierarchien und Dominanz

Bradshaw, J.W.S. et al. 2009. Dominance in dogs. Useful construct or bad habit? – Journal of Veterinary Behavior 3: 176–177. doi: 10.1016/ j.jveb.2008.08.004

Pal, S.K. 2014. Factors influencing intergroup agonistic behaviour in free-ranging domestic dogs (*Canis familiaris*). – Acta Ethologica. doi: 10.1007/ s10211-014-0208-2

Trisko, R.K. & Smuts, B.B. 2015. Dominance relationships in a group of domestic dogs (*Canis lupus familiaris*). – Behaviour 152: 677–704. doi: 10.1163/1568539X-00003249

van der Borg, J.A.M. et al. 2015. Dominance in domestic dogs: A quantitative analysis of its beha-vi-oural measures. – PLoS ONE 10: e0133978. doi: 10.1371/journal.pone.0133978

Zusammenspiel zwischen Hund und Mensch

Beziehungsaufbau

Brown, C.M. & McLean, J.L. 2015. Anthropomor-phizing dogs: Projecting one's own personality and consequences for supporting animal rights. – Anthrozoos 28: 73–86. doi: 10.2752/089279315 X14129350721975

Feurbacher, E.N. & Wynne, C.D.L. 2015. Shut up and pet me! Domestic dogs (*Canis lupus familiaris*) prefer petting to vocal praise in concurrent and single-alter-native choice procedures. – Beha-vioural Processes 110: 47–59. doi: 10.1016/j. beproc.2014.08.019

Gray, P.B. et al. 2015. The roles of pet dogs and cats in human courtship and dating. – Anthrozoos 28: 673–683. doi: 10.1080/08927936.2015.1064216

Payne, E. et al. 2015. Exploring the existence and potential underpinnings of dog-human and horse-hu-man attachment bonds. – Behavioural Processes. doi: 10.1016/j.beproc.2015.10.004

Payne, E. et al. 2015. Current perspectives on attachment and bonding in the dog-human dyad. – Pscychology Research and Behavior Manage-ment 8: 71–79. doi: 10.2147/PRBM.S74972

Thorn, P. et al. 2015. The canine cuteness effect: Ow-ner-perceived cuteness as a predictor of human-dog relationship quality. – Anthrozoos 28: 569–585. doi: 10.1080/08927936.2015.1069992

Wie fühlt sich Ihr Hund gemeinsam mit Ihnen?

Albuquerque, N. et al. 2016. Dogs recognize dog and human emotions. – Biology Letters 12: 20150883. doi: 10.1098/rsbl.2015.0883

Carballo, F. et al. 2015. Dogs discrimination of human selfish and generous attitudes: The role of individual recognition, experience, and experimenters' gender. – PLoS ONE 10: e0116314. doi: 10.1371/journal. pone.0116314 238

Cuaya, L.V. et al. 2016. Our faces in the dog's brain: Functional imaging reveals temporal cortex activation during perception of human faces. – PLoS ONE 11: e-0149431. doi: 10.1371/journal. pone.0149431

Kerepsi, A. et al. 2014. Dogs and their human companions: The effect of familiarity on dog human interactions. – Behavioural Processes. doi: 10.1016/j. beproc.2014.02.005

Yong, M.H. & Ruffman, T. 2015. Domestic dogs match human male voices to faces, but not for females. – Behaviour. doi: 10.1163/1568539X-00003294

Assistenz- und Diensthunde

Fadel, F.R. et al. 2016. Differences in trait impulsivity indicate diversification of dog breeds into working and show lines. – Scientific Reports 6:22162. doi: 10.1037/srep22162

Fishman, G.A. 2003. When your eyes have a wet nose: The evolution of the use of guide dogs and establishing the seeing eye. – Survey of Ophthalmology 48: 452–458. doi: 10.1016/ s0039-6257(03)00052-3

Foyer, P. et al. 2016. Behavior and cortisol responses of dogs evaluated in a standardized temperament test for military working dogs. – Journal of Veterinary Behavior 11: 7–12. doi: 10.1016/j. jveb.2015.09.006

Hall, S.S. et al. 2016. What factors are associated with positive effects of dog ownership in families with children with autism spectrum disorder? The development of the Lincoln Autism Pet Dog Impact Scale. – PLoS ONE 11: e0149736. doi: 10.1371/journal.pone.0149736

Harvey, N.D. et al. 2016. Test-retest reliability and predictive validity of a juvenile guide dog behavior test. – Journal of Veterinary Behavior 11: 65–76. doi: 10-1016/j.jveb.2015.09.005

Jackson, M.M. et al. 2015. fido– Facilitating interactions for dogs with occupations: Wearable communication interfaces for working dogs. – Personal and Ubiquitous Computing 19: 155–173. doi: 10.1007/ s00779-014-0817-9

Mongillo, P. et al. 2015. Validation of a selection protocol of dogs involved in animal-assisted intervention. – Journal of Veterinary Behavior 10: 103–110. doi: 10.1016/j.jveb.2014.11.005

Statens Offentliga Utredningar. 2010. Bättre mark-nad för tjänstehundar. Betänkande av Tjänste-hundsavel-sutredningen. SOU 2010:21.

Stevenson, K. et al. 2015. Can a dog be used as a motivator to develop social interaction and engagement with teachers for students with autism? – Nasen. doi: 10.1111/1467-9604-12105

Swall, A. et al. 2014. Can therapy dogs evoke awareness of one's past and present life in persons with Alzheimer's disease?. – International Journal of Older People Nursing. doi: 10.1111/opn.12053

Yamamoto, M. et al. 2015. Registrations of assistance dogs in California for identification tags: 1999–2012. – PLoS ONE 10: e0132820. doi: 10.1371/journal.pone.0132820

Gassi gehen fördert die Gesundheit

Engelberg, J.K. et al. 2016. Dog walking among adolescents: Correlates and contribution to physical activity. – Preventive Medicine 82: 65–72. doi: 10.1016/j.ypmed.2015.11.011

Garcia, D.O. et al. 2015. Relationships between dog ownership and physical activity in postmenopausal women. – Preventive Medicine. doi: 10.1016.j.yp-med.2014.10.030

Richards, E.A. 2015. Prevalence of dog walking and sociodemographic characteristics of dog walkers in the U.S.: An update from 2001. – American Journal of Health Behavior. 39: 500–506. doi: 10.5993./ AJHB.39.4.6

Schneider, K.L. et al. 2014. An online social network to increase walking in dog owners: A randomized trial. – Medicine & Science in Sports and Exercise. doi: 10.1249/mss.0000000 000000441

Westgarth, C. et al. 2015. Factors associated with daily walking of dogs. – BMC Veterinary Research 11: 116. doi: 10.1186/s12917-015-0434-5

Guter Kontakt mit Ihrem Hund

Der feinfühlige Hund

Bálint, A. et al. 2015. „Do not choose as I do!" – Dogs avoid the food that is indicated by another dog's gaze in a two-object choice task. – Applied Animal Behaviour Science 170: 44–53. doi: 10.1016/j. applanim.2015.06.005

Buttner, A.P. et al. 2015. Evidence for a synchronization of hormonal states between humans and dogs during competition. – Physiology & Behavior 147: 54–62. doi: 10.1016/j.phys-beh. 2015.04.010

Chijiiwa, H. et al. 2015. Dogs avoid people who behave negatively to their owner: Third-party affective evaluation. – Animal Behavior 106: 123–127. doi: 10.1016/j.anbehav.2015.05.018

Duranton, C. et al. 2016. When facing an unfamiliar person, pet dogs present social referencing based on their owners' direction of movement alone. – Animal Behaviour 113: 147–156. doi: 10.1016/j. anbehav.2016.01.004

Fugazza, C. & Miklósi, Á. 2015. Social learning in dog training: The effectiveness of the Do as I do method compared to shaping/clicker training. – Applied Animal Behaviour Science. doi: 10.1016/j. applanim.2015.08.033

Gerencsér, L. et al. 2016. The effect of reward-handler dissociation on dog's obedience performance in different conditions. – Applied Animal Behaviour Science 174: 103–110. doi: 10.1016/j. applanim.2015.11.009

Konok, V. et al. 2014. How do humans represent emotion of dogs? The resemblance between the human representation of the canine and the human affective space. – Applied Animal Behaviour Science. doi: 10.1016/j.applanim.2014.11.003

Ostojíc, L. et al. 2015. Are owners' reports of their dogs' 'guilty look' influenced by the dogs' action and evidence of the misdeed?. – Behavioural Processes 111: 97–100. doi: 10.1016/j.beh-proc. 2014.12.010

Persson, M.E. et al. 2015. Human-directed social be-haviour in dogs shows significant heritability. – Ge-nes, Brain and Behavior. doi: 10.1111/ gbb.12194

Turcsán, B. et al. 2014. Fetching what the owner pre-fers? Dogs recognize disgust and happiness in hu-man behaviour. – Animal Cognition. doi: 10.1007/ s10071-014-0779-3

Yong, M.H. & Ruffman, T. 2014. Is that fear? Domestic dogs' use of social referencing signals from an unfamiliar person. – Behavioural Processes. doi: 10.1016/j.beproc.2014.09.018

Gesten

Flom, R. & Gartman, P. 2015. Does affective informa-tion influence domestic dogs' (*Canis lupus familiaris*) point-following behavior?. – Animal Cognition. doi: 1007/s10071-015-0934-5

Lazarowski, L. & Dorman, D.C. 2015. A comp-rison of pet and purpose-bred research dogs (*Canis fami-liaris*) performance on human-guided object-choice tasks. – Behavioural Processes 110: 60–67. doi: 10.1016/j.beproc.2014.09.021

Moore, R. et al. 2015. Two-year old children but not domestic dogs understand communicative intentions without language, gestures, or gaze. – Developmen-tal Science 18: 232–242. doi: 10.1111/desc.12206

Takaoka, A. et al. 2015. Do dogs follow behavioral cues from an unreliable human?. – Animal Cognition 18: 475–483. doi: 10.1007/s10071-014- 0816-2

Tauzin, T. et al. 2015. What or where? The meaning of referential human pointing for dogs (*Canis familiaris*). – Journal of Comparative Psychology. doi: 10.1037/ a0039462

Yoon, J.M.D. et al. 2008. Communication-induced memory biases in preverbal infants. – Proceedings of the National Academy of Sciences, us a 105: 13690–13695. doi: 10.1073/pnas.0804388105

Augenkontakt

d'Aniello, B. & Scandurra, A. 2016. Ontogenetic effects on gazing behaviour: A case study of ken-nel dogs (Labrador Retrievers) in the impossible task paradigm. – Animal Cognition. doi: 10.1007/ s10071-016-0958-5

d'Aniello, B. et al. 2014. Gazing towards humans: A study on water rescue dogs using the impossible task paradigm. – Behavioural Processes. doi: 10.1016/j. beproc.2014.09.022

Gaunet, F. 2008. How do guide dogs of blind owners and pet dogs of sighted owners (*Canis familiaris*) ask their owners for food?. – Animal Cognition 11: 475–483

Hernádi, A. et al. 2015. Intranasally administered oxytoin affects how dogs (*Canis familiaris*) react to the threatening approach of their owner and an un-familiar experimenter. – Behavioural Processes 119:

1–5. doi: 10.1016/j.beproc. 2015-07.001

Nagasawa, M. et al. 2015. Oxytocin-gaze positive loop and the coevolution of human-dog bonds. – Science 348: 333–336. doi: 10.1126/scien-ce. 1261022

Ohkita, M. et al. 2016. Owners' direct gazes increase dogs' attention-getting behaviors. – Behavioural Processes. doi: 10.1016/j.beproc.2016.02.013

Oliva, J.L. et al. 2015. Oxytocin enhances the appro-priate use of human social cues by the domestic dog (*Canis familiaris*) in an object choice task. – Animal Cognition. doi: 10.1007/s10071-015-0843-7

Persson, M.E. et al. 2015. Human-directed social be-haviour in dogs shows significant heritability. – Ge-nes, Brain and Behavior. doi: 10.1111/ gbb.12194

Romero, T. et al. 2015. Intranasal administration of oxytocin promotes social play in domestic dogs. – Communicative & Integrative Biology 8: e1017157. doi: 10.1080/19420889.2015.1017157

Scandurra, A. et al. 2015. Guide dogs as a model for investigating the effect of life experience and training on gazing behaviour. – Animal Cognition 18: 937–944. doi: 10.1007/s10071- 015-0864-2

Törnqvist, H. et al. 2016. Comparison of dogs and hu-mans in visual scanning of social interaction. – Royal Society Open Science 2: 150341. doi: 10.1098/ rsos.150341

Wallis, L.J. et al. 2015. Training for eye contact mo-dulates gaze following in dogs. – Animal Behaviour 106: 27–35. doi: 10.1016/j.anbe-hav. 2015.04.020

Problemlösung

Verhaltensprobleme

Chung, T.-h. et al. 2015. Prevalence of canine beha-vior problems related to dog-human relationship in South Korea: A pilot study. – Journal of Veteri-nary Behavior. doi: 10.1016/j.jveb.2015.10.003

Pirrone, F. et al. 2016. Owner-reported aggressive behavior towards familiar people may be a more prominent occurrence in pet shop-traded dogs. – Journal of Veterinary Behavior 11: 13–17. doi: 10.1016/j.jveb.2015.11.007

Vanderstichel, R. et al. 2014. Changes in blood testosterone concentrations following surgical and chemical sterilization of male free-roaming dogs in southern Chile. – Theriogenology. doi: 10.1016/j. theriogenology.2014.12.001

Furcht, Unruhe und Angst

Karagiannis, C.I. et al. 2015. Dogs with separation-re-lateed problems show a »less pessimistic« cognitive bias during treatment with fluoxetine (ReconcileTM) and a behaviour modification plan. – BMC Veteri-nary Research 11: 80. doi: 10.1186/s12917-015-0373-1

Koda, N. et al. 2015. Stress levels in dogs, and its recognition by their handlers, during animal-assisted therapy in a prison. – Animal Welfare 24: 203–209. doi: 10.7120/09627286.24.2.203

Nicholson, S.L. & Meredith, J.E. 2015. Should stress

240 management be part of the clinical care provided to chronically ill dogs? – Journal of Veterinary Behavior. doi: 10.1016/j.jveb. 2015.09.002

Notari, L. et al. 2015. Behavioural changes in dogs treated with corticosteroids. – Physiology & Behavior 151: 609–616. doi: 10.1016/j.phys-beh. 2015.08.041

Sandri, M. et al. 2015. Salivary cortisol concentration in healthy dogs is affected by size, sex, and housing context. – Journal of Veterinary Behavior 10: 302–306. doi: 10.1016.j.jveb.2015.03.011

Tiira, K. & Lohi, H. 2015. Early life experiences and exercise associate with canine anxieties. – PLoS ONE 10: e0141907. doi: 10.1371/journal. pone.0141907

Travain, T. et al. 2015. Hot dogs: Thermography in the assessment of stress in dogs (*Canis familiaris*) – A pilot study. – Journal of Veterinary Behavior 10: 17–23. doi: 10.1016/j.jveb.2014.11.003

Der tut nix ...

Lakestani, N. & Donaldson, M.L. 2015. Dog bite prevention: Effect of a short educational intervention for preschool children. – PLoS ONE 10: e0134319. doi: 10.1371/journal.pone.0134319

Matos, R.E. et al. 2015. Characteristics and risk factors of dog aggression in the Slovak Republic. – Veterinarni Medicina 60: 432–445. doi: 10.17221/8418-vetmed

Matthias, J. et al. 2014. Cause, setting and ownership analysis of dog bites in Bay County, Florida from 2009 to 2010. – Zoonoses and Public Health. doi: 10.1111/zph.12115

McMillan, F.D. et al. 2015. Behavioral and psychological characteristics of canine victims of abuse. – Journal of Applied Animal Welfare Science 18: 92–111. doi:10.1080/10888705.2014.962230

Mongillo, P. et al. 2015. Attention of dogs and owners in urban contexts: Public perception and problematic behaviors. – Journal of Veterinary Behavior, doi: 10.1016/j.jveb.2015.01.004

Myndigheten för samhällsskydd och beredskap. 2015. Hundar och olyckor. Fakta 2015-07-08. MSB-89.5

Orritt, R. et al. 2015. His bark is worse than his bite: Perceptions and rationalization of canine aggressive behavior. – Human-Animal Interaction Bulleting 3: 1–20.

Overall, K.L. 2001. Dog bites to humans: Demography, epidemiology, injury, and risk. – Journal of the American Veterinary Medical Association 218: 1924–1934.

Pirrone, F. et al. 2015. Owner and animal factors predict the incidence of, and owner reaction towards, problem behaviors in companion dogs. – Journal of Veterinary Behavior. doi: 10.1016/j. jveb.2015.03.004

Rezac, P. et al. 2015. Human behavior preceding dog bites to the face. – The Veterinary Journal. doi: 10.1016/j.tvjl.2015.10.021

Räddningsverket. 2008. Därför biter hundar människor. nco 2008-05-05.

Seligsohn, D. 2014. Dog bite incidence and associated risk factors: A cross-sectional study on school children in Tamil Nadu. Examensarbete 2014:20. issn 1652-8697. Swedish University of Agricultu-ral Sciences.

Westgarth, C. & Watkins, F. 2015. A qualitative investigation of the perceptions of female dog-bite victims and implications for the prevention of dog bites. – Journal of Veteri-nary Behavior 10: 479–488. doi: 10.1016/j. jveb.2015.07.035

Hunde aus dem Tierschutz

Dudley, E.S. et al. 2015. Effects of repeated petting sessions on leukocyte counts, intestinal parasite prevalence, and plasma cortisol concentration of dogs housed in a county animal shelter. – Journal of the American Veterinary Medical Association 247: 1289–1298.

Kiddie, J. & Collins, L. 2015. Identifying environmental and management factors that may be associated with the quality of life of kennelled dogs (*Canis familiaris*). – Applied Animal Behaviour Science 167: 43–55. doi: 10.1016/j.appla-nim. 2015.03.007

Lambert, K. et al. 2014. A systematic review and meta-analysis of the proportion of dogs surrendered for dog-related and owner-related reasons. – Preventive Veterinary Medicine. doi: 10.1016/j. prevetmed.2014.11.002

Mornement, K.M. et al. 2015. Evaluation of the predictive validity of the Behavioural Assessment for Re-homing K9's (b. a. r. k.) protocol and owner satisfaction with adopted dogs. – Applied Animal Behaviour Science 167: 35–42. doi: 10.1016/j. applanim.2015.03.013

Protopopova, A. 2016. Effects of sheltering on physiology, immune function, behavior, and the welfare of dogs. – Physiology & Behavior 159: 95–103. doi: 10.1016/j.physbeh.2016.03.020

Protopopova, A. et al. 2016. Preference assessments and structured potential adopter-dog interactions increase adoptions. – Applied Animal Behaviour Science 176: 87–95. doi: 10.1016/j.appla-nim. 2015.12.003

Rydberg, C. 2009. Utredning och uppföljning av adoptionshundars situation. Studentarbete 276. Institutionen för husdjurens miljö och hälsa, Sveriges Lantbruksuniversitet.

Zák, J. et al. 2015. Sex, age and size as factors affecting the length of stay of dogs in Czech shelters. – Acta Vet. Brno 84: 407–413. doi: 10.2754/ avb201584040407

Die Gesundheit des Hundes

Für immer jung?

Creevy, K.E. et al. 2016. The companion dog as a model for the longevity dividend. – Cold Spring Harbor Perspectives in Medicine 6:a026633. doi: 10.1101/ chsperspect.a026633

Evert, J. et al. 2003. Morbidity profiles of centena-ri-ans: Survivors, delayers, and escapers. – Journals of

Gerontology Series A 58: 232–237. doi: REFEREN-SER 241 10.1093/gerona/58.3.M232

Hoffman, J.M. et al. 2013. Reproductive capability is associated with lifespan and cause of death in companion dogs. – PLoS ONE 8: e61082. doi: 10.1371/journal.pone.0061082

O'Neill, D.G et al. 2013. Longevity and mortality of owned dogs in England. – The Veterinary Journal 198: 638–643. doi: 10.1016/j.tvjl.2013.09.020

Youssef, S.A. et al. 2016. Pathology of the aging brain in domestic and laboratory animals, and animal models of human neurodegenerative diseases. – Veterinary Pathology 53: 327–348. doi: 10.1177/0300985815623997

Übergewicht und Fettleibigkeit

Ohtani, N. et al. 2015. Increased feeding speed is associated with higher subsequent sympathetic activity in dogs. – PLoS ONE 10: e142899. doi: 10.1371/journal.pone.0142899

Raffan, E. et al. 2015. Development, factor structure and application of the Dog Obesity Risk and Appetite (dora) questionnaire. – PeerJ 3: e1278. doi: 10.7717/peerj.1278

Raffan, E. et al. 2016. A deletion in the canine POMC gene is associated with weight and appetite in obesity-prone Labrador Retriever dogs. – Cell Metabolism 23: 893–900. doi: 10.1016/j.cmet.2016.04.012

Bakterien, Viren und Parasiten

Curi, N.H.A. et al. 2016. Prevalence and risk factors for viral exposure in rural dogs around protected areas of the Atlantic forest. – BMC Veterinary Research 12:21. doi: 10.1186/s12917-016-0646-3

Smith, A.F. et al. 2015. Urban park-related risks for *Giardia* spp. infection in dogs. – Epidemiological Infections 143: 3277–3291. doi: 10.1017/s0950268815000400

Smith, A.F. et al. 2015. Reported off-leash frequency and perception of risk for gastrointestinal parasitism are not associated in owners of urban park-attending dogs: A multifactorial investigation. – Preventive Veterinary Medicine 120: 336–348. doi: 10.1016/j.prevetmed.2015.03.017

Wera, E. et al. 2016. Intention of dog owners to participate in rabies control measures in Flores Island, Indonesia. – Preventive Veterinary Medici-ne. doi: 10.1016/j.prevetmed.2016.02.029

Sinne

Geruchssinn

Hall, N.J. et al. 2015. Performance of pugs, german shepherds, and greyhounds (*Canis lupus familiaris*) on an odor-discrimination task. – Journal of Comparative Psychology. doi: 10.1037/a0039271

Hamilton, J. & Vonk, J. 2015. Do dogs (*Canis lupus familiaris*) prefer family?. – Behavioural Processes. doi: 10.1016/j.beproc.2015.08.004

Johansson, P. 2009. Hundens kommunikations-signaler. Studentarbete 219. Institutionen för husdjurens miljö

och hälsa, Sveriges Lantbruks-universitet.

Polgár, Z. et al. 2015. Strategies used by pet dogs for solving olfaction-based problems at various distan-ces. – PLoS ONE 10: e0131610. doi: 10.1371/jour-nal. pone.0131610

Musik für alle

Bowman, A. et al. 2015. 'Four Seasons' in an animal rescue centre; Classical music reduces environ-mental stress in kennelled dogs. – Physiology & Behavior. doi: 10.1016/j.physbeh.2015.02.035

Brayley, C. & Montrose, T. 2015. The effects of audiobooks on the behaviour of dogs at a rehoming kennels. – Applied Animal Behaviour Science. doi: 10.1016/j.applanim.2015.11.008

Rechts oder links?

Gough, W. & McGuire, B. 2015. Urinary posture and motor laterality in dogs (*Canis lupus familiaris*) at two shelters. – Applied Animal Behaviour Science 168: 61–70. doi: 10.1016.j.app-lanim. 2015.04-006

Siniscalchi, M. et al. 2016. The dog nose »KNOWS« fear: Asymmetric nostril use during sniffing at canine and human emotional stimuli. – Behavioural Brain Research 304: 34–41. doi: 10.1016/j.bbr.2016.02.011

Wells, D.L. et al. 2016. Comparing lateral bias in dogs and humans using the KongTM ball test. – Applied Animal Behaviour Science 176: 70–76. doi: 10.1016/j.applanim.2016.01.010

Der ursprüngliche Hund

Der Hund und der Wolf

Axelsson E. et al. 2013. The genomic signature of dog domestication reveals adaptation to a starch-rich diet. – Nature 495: 360–365. doi: 10.1038/nature11837

Bradshaw, J.W.S. et al. 2016. Dominance in domestic dogs: A response to Schilder et al. (2014). – Journal of Veterinary Behavior. 11: 102–108. doi: 10.1016/j.jveb.2015.11.008

Cagan, A. & Blass, T. 2016. Identification of genomic variants putatively targeted by selection during dog domestication. – BMC Evolutionary Biology 16:10. doi: 10.1186/s12862-015-0579-7

Freedman, A.H. et al. 2014. Genome sequencing highlights the dynamic early history of dogs. – PLoS Genetics 10: e1004016. doi: 10.1371/jour-nal.pgen.1004016

Kopaliani, N. et al. 2014. Gene flow between wolf and shepherd dog populations in Georgia (Caucasus). – Journal of Heredity. doi: 10.1093/ jhered/esu014

Li, Y. et al. 2014. Domestication of the dog from the wolf was promoted by enhanced excitatory synaptic plasticity: A hypothesis. – Genome Biology and Evolution 6: 3115–3121. doi: 10.1093/gbe/evu245

Marshall-Pescini, S. et al. 2015. The effect of domestication on inhibitory control: Wolves and dogs compared. – PLoS ONE. doi: 10.1371/journal.

pone.0118469

Mehrkam, L.R. & Thompson, R.K.R. 2015. 242 Seasonal trends in intrapack aggression of captive wolves (*Canis lupus*) and wolf-dog cros ses: Implications for management of mixed- subspecies exhibits. – Journal of Applied Animal Welfare Science 18: 1–16. doi: 10.1080.10888705.2014.923773

Moretti, L. et al. 2015. The influence of relationships on neophobia and exploration in wolves and dogs. – Animal Behaviour 107: 159–173. doi: 10.1016. j.anbehav.2015.06.008

Parker, H.G. & Gilbert, S.F. 2015. From caveman companion to medical innovator: Genomic insights into the origin and evolution of domestics dogs. – Advances in Genomics and Genetics. 5: 239–255. doi: 10.2147/AGG.S57678

Range, F. & Viranyi, Z. 2015. Tracking the evolutionary origins of dog-human cooperation: The »Canine Cooperation Hypothesis«. – Frontiers in Psychology 5: 1582. doi: 10.3389/ fpsyg.2014.01582

Range, F. et al. 2015. Testing the myth: Tolerant dogs and aggressive wolves. – Proceedings of the Royal Society B. 282: 20150220. doi: 10.1098/ rspb.2015.0220

Udell, M.A.R. 2015. When dogs look back: Inhibition of independent problem-solving behaviour in domestic dogs (*Canis lupus familiaris*) compared with wolves (*Canis lupus*). – Biology Letters 11: 20150489. doi: 10.1098/ rspl.2015.0489

Wang, G.D. et al. 2013. The genomics of selection in dogs and the parallel evolution between dogs and humans. – Nature Communications 4: 1860. doi: 10.1038/ncomms2814

Hunderassen

Asp, H.E. et al. 2015. Breed differences in everyday behaviour of dogs. – Applied Animal Behaviour Science. doi: 10.1016/j.applanim.2015.04.010

Gim, J.-A. et al. 2015. Quantitative expression analysis of functional genes in four dog breeds. – Journal of Life Science 25: 861–869. doi: 10.5352/ JLS.2015.25.8.861

Hradecká, L. et al. 2015. Heritability of behavioural traits in domestic dogs: A meta-analysis. – Applied Animal Behaviour Science 170: 1–13. doi: 10.1016/j.applanim.2015.06.006

Parker, H.G. et al. 2004. Genetic structure of the purebred domestic dog. – Science 304: 1160– 1164. doi: 10.1126/science.1097406

Parker, H.G. et al. 2007. Breed relationships facilitate fine-mapping studies: a 7.8-kb deletion cosegregates with Collie eye anomaly across multiple dog breeds. – Genome Research 17: 1562–1571. doi: 10.1101/ gr.6772807

Parker, H.G. & Gilbert, S.F. 2015. From caveman companion to medical innovator: Genomic insights into the origin and evolution of domestics dogs. – Advances in Genomics and Genetics. 5: 239–255. doi: 10.2147/AGG.S57678

Smetanova, M. et al. 2015. From wolves to dogs, and back: Genetic composition of the Czechoslovakain Wolfdog. – PLoS ONE 10: e0143807. doi:

10.1371./journal.pone.0143807

Stone, H.R. et al. 2016. Associations between domestic-dog morphology and behaviour scores in the dog mentality assessment. – PLoS ONE 11: e0149403. doi: 10.1371/journal.pone.0149403

Tonoike, A. et al. 2015. Comparison of owner-reported behavioral characteristics among genetically clustered breeds of dog (*Canis familiaris*). – Scientific Reports 5:17710. doi: 10.1038/srep17710

von Holdt, B.M. et al. 2010. Genome-wide SNP and haplotype analyses reveal a rich history underlying dog domestication. – Nature 464: 898–903. doi: 10.1038./nature08837

Freilaufende Hunde

Athreya, V. et al. 2014. A cat among the dogs: Leopard *Panthera pardus* diet in a human-dominated landscape in western Maharashtra, India. – Oryx. doi: 10.1017/S0030605314000106

Davis, N.E. et al. 2015. Interspecific and geographic variation in the diets of sympatric carnivores: Dingoes/wild dogs and red foxes in South-Eastern Australia. – PLoS ONE 10: e0120975. doi: 10.1371./ journal.pone.0120975

Ericsson, G. et al. 2015. Moose anti-predator behaviour towards baying dogs in a wolf-free area. – European Journal of Wildlife Research 61: 575–582. doi: 10.1007/s10344-015-0932-6

Garde, E. et al. 2015. Effects of surgical and chemical sterilization on the behavior of free- roaming male dogs in Puerto Natales, Chile. – Preventive Veterinary Medicine. doi: 10.1016/j. prevetmed.2015.11.011

Ghoshal, A. et al. 2015. Response of the red fox to expanion of human habitation in the Trans- Himalayan mountains. – European Journal of Wildlife Research. doi: 10.1007/s. 10344-015- 0967-8

Izaguirre, E.R. 2013. A villages dog is not a stray: Human-dog interactions in coastal Mexico. Doktorsavhandling. Wageningen universitetet, Holland.

Jarnemo, A. & Wikenros, C. 2014. Movement pattern of red deer during drive hunts in Sweden. – European Journal of Wildlife Research 60: 77–84. doi: 10.1007/s10344-013-0753-4

Sepúlveda, M. et al. 2015. Fine-scale movements of rural free-ranging dogs in conservation areas in the temperate rainforest of the coastal range of southern Chile. – Mammalian Biology 80: 290–297. doi: 10.1016/j.mambio.2015.03.001

Index

Danksagung

Danke an Alicia, Love und Katarina, die mich einen Herbst lang in der Schreibblase haben verschwinden sehen und die mit mir Geduld hatten, wenn ich am Mittagstisch Geschichten aus der wunderbaren Welt der Hundeforschung erzählte. Danke auch an meine Frau Katarina für ihre Kommentare zu Sprache und Inhalt. Meine gute Freundin Anna Lundbäck, Frauchen der Dackel Zelda und Remus, hat auch mit Berichtigungen und wertvollen Kommentaren beigetragen. Danke auch an Maria Ahlberg, dass ich ihren wunderschönen Hund Ville, einem Irischen Setter, mit aufs Autorenfoto nehmen durfte. Anders Rådén, mein vielseitiger Kollege und Freund, hat sich selbst übertroffen bei der Illustration des Buches! Ich möchte meinem Verleger Martin Ransgart und der Redakteurin Hanna Jacobsson danken für die gute und angenehme Zusammenarbeit. Und schließlich ein großes Dankeschön an die Grafikerin Eva Lindeberg, die das ansprechende Cover und das schöne Layout des Buches entwickelt hat.